負債資本論

Debt thinking

遠略智庫 著

全球視野下的財務槓桿與現金流管理

用「債權思維」驅動資產成長

你以為借貸＝窮，專業投資人卻在用債賺錢；
搞懂這場債務賽局，才能成為資產操作的主導者！

目 錄

序言
財務的焦慮與自由之間：
我們的現代債務故事　　005

第一章
重新認識債務：從負擔到武器的轉化　　009

第二章
用對債，富得快：
債務的風險控管與財務設計　　063

第三章
創造資產，用借來的錢：
全球創業與投資型負債案例　　111

■目錄

第四章
不只是還債：走出焦慮的財務韌性鍛鍊　157

第五章
債務整合與資產重構：
現代家庭的財務再平衡工程　209

第六章
永續財務規劃：預借未來的自由而不是束縛　261

序言　財務的焦慮與自由之間：我們的現代債務故事

　　你可能已經注意到，我們所處的時代，比任何一個時代都更「談錢」卻又「怕談錢」。在社群媒體上，人們炫耀著投資成績、豪宅美車與旅行清單；而在現實生活中，卻有超過六成的人不敢打開信用卡帳單、不知道自己欠多少錢，更別說規劃未來的財務藍圖。

　　這本書的出發點，就是來自這個矛盾。它不是要你快速致富，也不是要你變成投資大師；它只是希望讓你重新理解一件事——「債務不是壞事，但錯誤的債務觀會讓你的人生被牽著走」。

◎為什麼我們需要一本談「債」的書？

　　在臺灣，談「債」總是被視為羞恥，甚至是失敗的象徵。我們從小被教育要節儉，要靠自己，不要欠人。這些價值觀本身沒有錯，但若沒與時俱進，反而會讓我們在面對現代財務結構時失去彈性。

　　今天的世界是個高流動性的世界。房價遠遠超過薪資成長速度、學貸幾乎是高等教育的入場券、創業者靠信用槓桿

■序言　財務的焦慮與自由之間：我們的現代債務故事

維持資金鏈 ── 你我無法不借錢。與其否認這個事實，不如學會如何「借得好、用得對、還得穩」。

這不只是一本財務操作指南，它也是一本關於心理與社會的書。因為債務，從來不只是數字，而是一種關係、一種選擇，也是一種價值觀的展現。

◎三種財務困境，可能正發生在你我身上

無聲的卡債困局

你有沒有過一種經驗？明明沒有大筆支出，但每個月還是覺得錢不夠用，信用卡總是在刷最低還款。這不是你不努力，而是你沒有被教導怎麼管理現金流，更沒有人告訴你：消費其實是一種習慣，而非需求的反映。

資產幻覺與貸款焦慮

很多人以為自己買了房子就變成有產階級，但卻不知道自己每個月的還款早已讓家庭陷入高風險財務狀態。資產若沒有產生現金流，其實只是負債的偽裝。

收入增加，壓力卻更大

你升遷了、加薪了，卻反而覺得錢更不夠？這是因為沒有財務架構的支撐下，收入的增加只會讓你進入更大規模的

「花錢－還錢」循環。自由，不會自動伴隨收入而來，除非你主動創造它。

◎這本書想幫你做什麼？

本書設計為一套具體的「財務重構計畫」，以債務為核心切入，幫助你：

- 了解自己的負債類型與財務人格
- 區分健康負債與消耗性負債
- 學會建立債務管理系統，而非依賴意志力還債
- 將債務轉化為資產的工具，而非壓力的來源
- 透過案例與模組學習，從月光族進入現金流設計者的角色

這些章節將從心理學、行為經濟學、財務模型、法規制度與社會觀點全方位解析「債務」這件事，讓你不再被「無知的債」吞沒，而是學會與它共生，甚至讓它成為推進你人生的動力。

◎本書適合誰閱讀？

- 正面臨卡債壓力卻不知如何開始處理的你
- 想要買房但對房貸極度焦慮的你
- 剛創業，資金需求與風險籌劃間徘徊不定的你

■序言　財務的焦慮與自由之間：我們的現代債務故事

- ◆ 認真工作多年卻發現自己「有收入但沒資產」的你
- ◆ 想為家庭、為下一代做出更穩健財務規畫的你

這本書不預設你是財經專家，也不要求你有數學天分。我們只相信一件事：只要你願意誠實面對財務現況，你就有能力重構它。

◎最後的邀請：你不孤單，也不需要一個人面對

很多人在債務壓力中感到孤單，覺得沒人能理解。你可能也不敢跟伴侶說、也不敢讓父母擔心。這本書不是解決你所有問題的神奇指南，但它會陪你走過最關鍵的轉變期。

我們會一起理解過去是如何累積出今天的負債樣貌，一起設計未來如何用這些經驗建立新的資產路徑。

財務不是你此生的唯一目標，但它會深刻地影響你是否能過上有選擇的生活。

那麼，現在就讓我們從債務開始，走向自由的那一端。

這不只是一本書，而是一場與自己關於金錢、自由與責任的對話。

第一章
重新認識債務：從負擔到武器的轉化

■第一章　重新認識債務：從負擔到武器的轉化

第一節　當代債務的角色：從《窮爸爸富爸爸》到後疫情時代的資本策略

債務，已不再只是赤字與負擔的同義詞

在現代社會的經濟脈絡中，「債務」一詞已經歷了一場深刻的語義轉型。傳統上，債務常被視為一種財務困境的標誌，是個人失控消費與資金調度不當的結果。然而，自2000年以來，特別是在羅伯特·清崎（Robert Kiyosaki）出版的暢銷書《富爸爸，窮爸爸》中廣泛推廣「好債與壞債」的觀念後，整體財商教育的邏輯開始逐漸轉變。債務不再只是代表窘境，它也可能成為獲利的工具、一種槓桿，甚至是資產組合中不可或缺的一環。

清崎主張，所謂的「好債」（good debt）是那些能夠帶來正現金流的借貸，例如用來購買租賃型房地產或投入營運性業務的資金。而「壞債」（bad debt）則是用於非生產性消費，例如信用卡購物、購買貶值資產的貸款等。這一區分雖然簡化了實務情境，但提供了一個通俗有效的理財敘事架構，使

得數以百萬計的中產階級開始重新審視自己的資金流向與債務結構。

後疫情時代的全球家庭負債新樣貌

COVID-19 疫情的爆發不僅重塑了醫療體系與社交模式，也迫使世界各國的家庭與個人重新思考債務的價值與風險。在封鎖與停工的大環境中，許多家庭的現金流短期急凍，企業收入驟降，迫使人們進一步倚賴信貸、政府補助與短期融資過活。

根據國際清算銀行（BIS, 2022）統計，2020～2022 年間，OECD 成員國家庭債務平均占 GDP 的比率上升了近 15 個百分點。美國家庭的總負債金額在 2022 年第四季達到了創紀錄的 16.9 兆美元，主因來自房貸與車貸雙雙上揚（Federal Reserve Bank of New York, 2023）。這些數據不僅說明了民眾生活對債務的依賴日益加深，也揭示了債務在經濟韌性中的雙重性：在適度情境下，它是一道保護；在失控情境下，它是破口。

在日本，2021 年後出現一波「債務再調整潮」，大量企業將過往利息較高的融資改為政府補助型長期低利貸款。這

■第一章　重新認識債務：從負擔到武器的轉化

也說明了債務並非靜態標籤，而是一種可以隨環境與策略調整的工具。

從槓桿到現金流：兩種債務觀的進化

進一步來說，理解債務的現代角色，須從「槓桿」與「現金流」兩個概念切入。

首先是槓桿（leverage）。這個術語原本屬於物理學，後被金融學借用，用來描述「以小博大」的操作結構。在財務上，槓桿意味著使用借入資金擴大投資規模，進而放大報酬率或風險。例如：美國企業亞馬遜（Amazon）在發展初期，即依賴高額債務維持倉儲、配送、平臺開發等系統性投入。在利率偏低的 2000 年代，這類槓桿策略被視為具有前瞻性的成長模式。

然而，槓桿的風險也不容忽視。2023 年矽谷銀行倒閉案即為一例，其資產過度集中於利率敏感性極高的資產配置，一旦借貸成本飆升，其槓桿結構便迅速崩解。

其次是現金流觀（cash flow orientation）。現金流思維強調的是債務能否持續為使用者創造穩定且可預測的收入來源。換言之，並非所有的高負債都是危機，只要這些債務能

帶來足以覆蓋其利息與償還成本的現金收入,就屬於良性負債。以美國房地產投資人布蘭登·特納(Brandon Turner)為例,他在30歲前便透過租賃物件的現金流將所有房貸利息與生活開支完全涵蓋,不僅脫離朝九晚五,也能持續擴展其投資規模。

國際企業與政府的債務典範

債務的正向運用並不限於個人與家庭。許多國際企業早已將「負債經營」作為其資本運作的重要環節。

舉例而言,可口可樂公司(Coca-Cola)自2010年代以來便利用低利率環境進行大規模債務籌資,購併旗下瓶裝合作夥伴與亞洲市場通路。其負債比率長期維持在60%左右,但因為營運現金流充沛,信用評等始終保持AA級水準(Moody's, 2023)。

在政府層面,挪威主權基金則反其道而行,透過「零負債政策」搭配資產投資報酬,反而建立起一種財政獨立性。這與高負債的美國、日本、義大利政府形成強烈對比。由此可知,債務的角色並不具有絕對標準,而是取決於主體的資產結構、現金流強度、政策目標與風險承擔意願。

第一章　重新認識債務：從負擔到武器的轉化

青年世代的債務觀轉向：
從「壓力」到「策略」

在千禧世代與 Z 世代之間，債務不再只是羞於啟齒的生活壓力，而逐漸轉化為一種「策略手段」。「Buy now, pay later」的消費模式與個人品牌的信用籌資已成為新創產業與自由接案者的常態工具。

以英國倫敦的自由創作者社群為例，大多數設計師與行銷人員均有至少兩種借貸形式：一為技術設備的分期融資，二為現金流保留的信用貸款。透過精細的收入與支出控管，他們得以在不穩定的案源結構中維持穩定的財務彈性。

另一方面，韓國則有大量年輕人選擇「借錢創業」，透過政策性青年創業貸款建立咖啡館、選品電商與社群顧問工作室。這些成功個案強調的不是「不借錢」，而是「借得巧」、「借得對」、「借得值」。

債務作為身分的延伸：
個人品牌的資本化趨勢

到了 2020 年代後期，債務甚至進一步被視為「個人資本信用」的一部分。根據德勤（Deloitte, 2024）研究，Z 世代

第一節 當代債務的角色：從《窮爸爸富爸爸》到後疫情時代的資本策略

創業者傾向以「未來收入」為抵押向創投或銀行借貸，甚至興起一波「個人IPO」概念平臺，讓自由工作者依照合約或預期產值進行貸款授信。

換言之，債務的角色不再只是資金短缺的替代方案，它已經與身分、產能、信譽、數位足跡融合為一，成為新時代金融科技（FinTech）生態中的關鍵節點。

> **當代債務是一門修練**
>
> 當代債務已從過去的避之唯恐不及，演進為一門值得學習與修練的資本技術。它既能壓垮家庭，也能扶持企業；既能是通往自由的門票，也能是沉重的負擔。關鍵不在於借與不借，而在於：你是否理解它的結構？你是否能夠駕馭它？你是否擁有足夠的知識、紀律與策略，讓債務為你所用，而不是為債務所奴？

從《富爸爸，窮爸爸》到全球金融治理的演化，我們已經來到一個「會借錢的人才有未來」的時代。掌握債務，就是掌握你與未來之間的距離。

■第一章　重新認識債務：從負擔到武器的轉化

第二節　富人的負債觀：
為何亞馬遜創辦人敢高槓桿營運？

當富人談債務：
他們看的不是利率，而是報酬率

　　大眾對債務的直覺反應通常是「危險」、「壓力」、「應該盡快還清」。然而，對於全球高資產族群而言，債務往往不是問題本身，而是一種工具。富人並不避免借錢，他們選擇「聰明地借」、「有策略地借」，並將債務視為達成資產成長目標的重要槓桿。

　　在財富管理領域，一個關鍵概念是「資本成本」（cost of capital）與「資本報酬率」（return on capital）。若借貸的利息成本低於資本的報酬率，理性決策者就應該選擇借錢以擴張資產規模。這一觀念對富人而言幾乎是財務邏輯的常識，而對中產與小資族而言則可能是難以接受的反向思考。

　　2021 年，美國投資銀行摩根士丹利（Morgan Stanley）發表的一份報告顯示，其高資產客戶中有超過六成持有不同類型的負債產品，其中包括保單質借、證券抵押融資與房產槓

第二節　富人的負債觀：為何亞馬遜創辦人敢高槓桿營運？

桿等（Morgan Stanley, 2021）。這代表著一種結構性的財務觀念轉化：富人不是不借錢，而是只借「對的錢」。

傳奇企業家如何借錢？
以傑夫・貝佐斯為例

亞馬遜創辦人傑夫·貝佐斯（Jeff Bezos）是當代最具代表性的高槓桿企業家之一。他在 1994 年創立亞馬遜（Amazon）時，便運用了家人與親友的貸款資金作為創業初期的啟動資本。公司發展初期，貝佐斯選擇將公司所有營利再投入營運擴張與市場滲透，而不是追求立即獲利。

根據《富比世》報導，亞馬遜在 2000～2010 年間連續十年處於幾乎無獲利或微虧損的狀態，但同時進行了多輪的資本市場融資與銀行信貸槓桿操作（*Forbes*, 2020）。在這段時間內，貝佐斯並未因公司未賺錢而保守經營，反而選擇以槓桿擴大倉儲中心、資料庫雲端服務（AWS）與物流體系，建立亞馬遜今日的電商帝國。

此一策略之所以成功，正是因為貝佐斯不將債務視為「負擔」，而是將其視為打開產能與速度的通道。企業成長不

第一章　重新認識債務：從負擔到武器的轉化

必依賴內部留存盈餘，而是可以透過外部資金引入，在可預期的現金流支持下，穩定放大規模。

當資產成為抵押品：
富人如何以資金換資金？

一個常見的富人操作模式，是將自身擁有的資產作為槓桿工具，以「資產抵押借貸」方式獲得可運用資金，並以此再投資。

舉例來說，傑夫・貝佐斯在 2020 年出售部分亞馬遜股票套現逾 30 億美元，但他同時也是使用股票作為擔保品進行大額低利借貸的代表性人物。這種「證券抵押貸款」(securities-backed loans, SBLs)在美國金融圈被視為一種高淨值人士的現金流管理手段，因其利率通常遠低於信用卡與個人貸款，且可避免實際出售資產所需繳交的資本利得稅。

據摩根大通 (J. P. Morgan, 2023) 報告指出，SBLs 在 2022 年的總額超過 9,500 億美元，其中 70％以上來自資產淨值超過五百萬美元以上的個人與家族辦公室。這些借款人不以「購物」為目的，而是將資金再次投入報酬率更高的資產，例如不動產、私募基金或科技新創股權。

第二節　富人的負債觀：為何亞馬遜創辦人敢高槓桿營運？

全球高資產人士的債務行為特徵

以下為國際高資產族群常見的五大債務策略：

(1) 低利長貸取代短期高利信貸：例如以不動產做為抵押，取得 20 年期固定利率貸款。

(2) 證券抵押融資：在資本市場波動可控時，用股票作為融資工具，保留股權價值與增值空間。

(3) 資產再融資（Refinancing）：定期審視貸款條件，當市場利率下行時重新談判利率與償期。

(4) 保單質借：利用壽險現金值作為擔保品，取得稅賦友善型流動資金。

(5) 財產分層結構設計：搭配債務與信託機制，進行遺產規劃與債務傳承優化。

以英國貝克家族為例，家族成員長期將保險資產與倫敦市中心商辦物業進行交叉擔保操作，年平均資產報酬率可維持 8% 以上（*Financial Times, 2023*）。這種操作模式說明：債務不是風險，而是不懂債務才是風險。

第一章　重新認識債務：從負擔到武器的轉化

負債與稅務規劃：
富人玩的另一種「現金流遊戲」

債務在稅務設計中也具有舉足輕重的地位。許多高淨值人士會透過利息抵減、資本利得遞延、資產移轉等方式，利用債務優化納稅結構。

美國稅法允許房地產借貸利息作為列舉扣除項目（IRS, 2024），亦提供 1,031 資產交換法條，讓房地產投資人能在不出售資產的前提下進行增值資產轉換。這些稅法設計進一步鼓勵富人以債操作資產擴張與結構優化。

以德國漢堡地產富商瓦爾堡家族為例，他們於 2021 年以借貸方式擴張辦公樓持股規模，並在會計處理上將利息費用列入投資損益，實質稅負降至僅 3.2％。這種「高資產、高槓桿、低稅賦」的模式，在各種合法財務架構下廣泛存在。

富人借得起，也還得起的祕密

最後一個值得注意的重點是：富人能夠「借得多」，是因為他們具備「還得起」的現金流來源。這並不表示他們的資產多就等於風險低，而是因為他們對資產報酬與負債成本

的落差有極高的敏感度與反應速度,並且具備足夠的風險承擔能力與資訊優勢。

此外,富人常備有多重收入來源,例如租金收入、投資配息、業務分紅與國際信託安排,這些來源能夠支撐其槓桿操作的持續性。而一般人若缺乏這些現金流結構,即使借錢用來投資,也容易因週轉不靈或還款壓力而陷入惡性循環。

小資族可以學富人什麼?

富人的槓桿思維可供一般人學習的地方包括:

- ◆ 債務使用目的必須導向資產性報酬
- ◆ 風險與報酬需同時評估,而非單一迷信低利率
- ◆ 建立穩定現金流是支撐槓桿的唯一基礎
- ◆ 對債務條件與契約必須高度理解與定期管理
- ◆ 稅賦與財務應同步設計,不能各自為政

小資族雖無法如富人擁有龐大資本與專業團隊,但可以從「目的思維」、「風險對價」與「結構規劃」三方面逐步建構自己的微型資本策略。

■第一章　重新認識債務：從負擔到武器的轉化

> **財富的放大鏡，正是槓桿思維**
>
> 富人之所以能更快放大財富，並非因他們手握鉅額資金，而是因他們能以資本思維運用債務，用負債創造資產，並將槓桿納入系統性管理。債務不是絕對風險，而是經過精算的機會。與其抗拒借貸，不如學習駕馭它。

第三節　正負債務的邊界：怎樣的借款能創造現金流？

債務不是絕對善惡，而是效率的選擇

在財務規劃的實務操作中，「債務」一詞本身並無善惡之分。關鍵在於這筆資金是否創造了正向現金流，亦即：它是否能在還款壓力之上，帶來持續的收入回報。這一原則不僅適用於企業營運，也同樣適用於個人理財與家庭資產配置。

現金流（cash flow）已取代資產總值（net worth）成為評估財務健康的核心指標。根據 2023 年《哈佛商業評論》財務管理專刊指出，現金流能提供即時的財務活動真相，反映資產的實質運作力道，而非帳面價值（*Harvard Business Review*, 2023）。若債務所支出的利息與本金高於該資金所產生的收入，即為負現金流，屬於財務壓力源；反之，若該資金持續創造可預測的收入，並高於利息支出與折舊攤提，即屬於正現金流，為理財上的助力。

第一章　重新認識債務：從負擔到武器的轉化

好債與壞債的定義更新：羅伯特・清崎

羅伯特・清崎 (Robert Kiyosaki) 在《富爸爸，窮爸爸》一書中將好債定義為「可創造收入的債務」，壞債則是「消費性負債」。然而，當代財務顧問已將此定義細緻化，更強調債務的資金用途、回收期、風險控制能力與現金流穩定性。具代表性的分類方式如下：

- ◆ 正現金流型債務：例如購買可出租不動產、經營性設備投資、小型創業借款等，均具備收入來源覆蓋借款成本的特性。
- ◆ 負現金流型債務：如信用卡分期、旅遊貸款、購車貸款等，無法創造收入且常被低估償還總成本。
- ◆ 資產再配置型債務：用於舊資產的優化，例：房貸轉貸、股權稀釋後再投資新產業。
- ◆ 收入遞延型債務：如高等教育貸款，其投資報酬期長，但對未來職涯與收入有結構性提升。

此分類方法已被多家全球財務顧問公司採納，如德勤、安永等，並作為高資產客戶債務規劃時的標準評估模型 (Deloitte, 2024)。

真實案例：用債創造現金流的三種模式

1. 不動產租賃模式 —— 以澳洲墨爾本為例

投資人 Mia 在 2021 年購置一間市區公寓，總價 50 萬澳幣，頭期款為 10 萬，其餘 40 萬透過銀行房貸。其月租金收益為 2,200 澳幣，扣除房貸利息與管理費後仍有每月 400 澳幣淨收入。這即是標準的「正現金流型房貸債務」。

2. 線上課程創業型槓桿 —— 以美國加州的自由講師 James 為例

James 於 2020 年申請 2 萬美元的創業貸款購置錄音設備與行銷素材，開設線上程式語言課程。該課程每月穩定產出超過 3,000 美元收入，扣除平臺分潤與還款後，每月仍可保留逾 1,500 美元。這類型負債屬於「現金流驅動型創業槓桿」。

3. 資產再配置型槓桿 —— 以新加坡律師 Emily 為例

Emily 於 2022 年以原自用住宅轉為出租，將自住搬往郊區較低總價新宅，並以租金收益支付原屋貸款與新房頭期款分期。透過空間調整換來兩套房產的槓桿管理，整展現金流不減反增。

■第一章　重新認識債務：從負擔到武器的轉化

避免誤判的財務視角：
評估現金流的四大要素

(1) 淨現金流：收入減去所有費用與償債後剩下的淨額，是評估槓桿是否有效的第一指標。
(2) 穩定性與可預測性：是否來自穩定租賃契約或有季節性波動？是否依賴單一客戶或平臺？
(3) 時間與利率敏感性：還款期是否過短導致現金流壓縮？是否受市場利率上升而削弱報酬？
(4) 替代風險與轉手性：若該投資失效，該資產能否快速脫手或轉換用途？

　　只有綜合上述指標，才能精準判斷一筆債務是否真能帶來「可控且可持續的現金流」。

當風險與槓桿共舞：設定個人風險閾值

　　槓桿與現金流之間的張力，不在於「能否償還」，而在於「是否可持續」。當槓桿過高且無備用現金池，任何利率上升或收入波動都可能讓財務系統崩潰。因此，專業財務顧問建議，每筆負債在產生正現金流前應設下「停損點」，例如：若三個月內現金流低於平均值30％以上，即暫停投資

第三節　正負債務的邊界：怎樣的借款能創造現金流？

擴張，並預備應急資金（Fidelity, 2023）。

此外，設定「債務占收入比上限」（如不超過總收入的35%）亦是常見做法，避免在無法預測的經濟情境下產生連鎖效應。

現金流導向的借貸觀，才是真正的現代理財底層邏輯

債務之所以能助人致富，前提是它帶來穩定現金流，並能被清晰評估與控管。是資金來源，不是壓力來源；是槓桿的踏腳石，不是債務的深淵。當你理解每一筆借款的現金流邏輯，你不再恐懼債務，你開始運用它創造屬於自己的資產自由路。

第四節　國際視角下的良性與惡性負債分類

不同文化下對負債的價值判準：從羞恥到策略

負債在不同國家的社會語境中，有著截然不同的文化含義。在某些亞洲國家，如日本與韓國，負債仍被部分族群視為羞恥、無能的象徵，特別是在老一輩的傳統家庭觀念中，借錢意味著「不夠節儉」、「失去自立」；相對而言，在歐美國家如美國、英國、加拿大，負債則常被視為一種成熟的財務工具，是資本運作的必備機制。

這種文化上的差異直接影響個人與家庭的借貸行為與負債容忍度。例如：美國大學生畢業即背負學貸是常態，而德國大學免學費政策使得當地年輕人的負債比率遠低於美國同齡人。文化偏好形成了國民對於「良性負債」的接受程度，也形塑出各國財務制度中的貸款設計與償還機制。

第四節　國際視角下的良性與惡性負債分類

聯合國與 OECD 對負債品質的評估框架

國際組織對「負債品質」的分類亦逐漸建立指標性框架。例如：OECD 於 2021 年發表的 Household Debt and Financial Stability 報告中，將個人債務依其對經濟穩定性的影響劃分為三類：

- ◆ 可持續型債務（Sustainable Debt）：此類債務占總收入比例低、還款能力穩定、具備正向現金流來源，如房貸、創業貸款。
- ◆ 邊緣型債務（Borderline Debt）：此類債務如車貸、消費性貸款，在收入穩定時無虞，但受經濟波動影響大，對家庭儲蓄與資產累積造成壓力。
- ◆ 不可持續型債務（Unsustainable Debt）：如信用卡循環利息、網購分期、博彩貸款等，屬於高利、高風險且無生產性回報的負債。

這一框架已被各國財政部與中央銀行作為家庭負債風險評估模型的基準。尤其在歐盟境內，債務評級與社會福利政策互為因果，確保低收入戶能獲得可承擔之融資機會。

第一章　重新認識債務：從負擔到武器的轉化

國際案例對照：良性與惡性債務的實務樣態

良性案例：荷蘭的房貸系統

荷蘭居民普遍使用長期固定利率的住宅貸款，並透過國家抵稅制度使房貸利息得以列為所得稅減免項目。此外，荷蘭中央銀行會根據家庭收入與每月負債比，計算可承擔的借貸額度並提供線上查詢工具。此一制度設計讓荷蘭家庭能在可負擔範圍內借款置產，形成健康的房產槓桿循環。

惡性案例：南韓青年卡債風暴

自2018年起，南韓20～30歲年齡層信用卡負債飆升，引發政府高度關注。韓國金融監理機構發現，這些年輕人多數將信用卡用於生活支出、線上購物與虛擬幣投資，欠缺理財觀念，導致惡性循環債（revolving debt）比率大幅上升。政府不得不介入，於2022年推出「青年信用回復支援計畫」（청년채무조정지원제도），由韓國金融委員會與資產管理公司共同實施，協助青年整合卡債並降低還款負擔。

邊緣案例：美國車貸泡沫潛勢

根據2023年《華爾街日報》分析，美國汽車貸款市場中，次級車貸（subprime auto loans）違約率已連續四季上升。由於利率上升與車價高漲，許多中低收入戶陷入高負擔

貸款,部分地區甚至出現「零首付高利息長年期車貸」的失控局面。這顯示邊緣債務在利率波動時容易快速轉為高風險債務。

評估負債良性與否的五個國際通用標準

(1) 資金用途是否具生產性:是否用於創造現金流或長期資產?
(2) 利率是否低於資產報酬率:若債務利息高於報酬率,則屬逆槓桿操作。
(3) 還款期是否合理:期限太短會造成現金流壓縮,過長則利息總額過高。
(4) 收入對應能力:每月還款額是否低於收入的35%為佳。
(5) 替代性與彈性:若該項借貸失效,是否有其他資產或資金因應?

這些標準已被國際信用評等機構如穆迪(Moody's)、標普(S&P)等納入個人與家庭信用評分模型中,強調從結構性與彈性角度分析負債,而非單一指標。

第一章　重新認識債務：從負擔到武器的轉化

新興國家與開發中市場的債務困境

值得關注的是，在非洲與東南亞新興市場，消費信貸工具的快速普及卻缺乏足夠的財務教育，導致許多家庭陷入惡性債務。以奈及利亞與印尼為例，手機分期、網貸平臺與無擔保貸款滲透率飆升，但違約機制、徵信制度未完善，造成龐大家庭負債危機與社會爭議。

這顯示「金融普及」不等於「財務健康」，如何透過教育與監理政策同步發展，成為全球金融發展政策的下一步重點。

> **分類不是貼標籤，而是財務判斷的開始**
>
> 在不同國家與社會背景下，良性與惡性債務的標準應隨文化、制度與個人財務狀況動態調整。國際上的共識是：重點不在於「借不借」，而在於「借得值不值得」、「借得能不能還」、「借得有沒有回報」。對個人而言，懂得評估一筆債務的性質與風險，才是真正進入財務自由道路的第一步。

第五節　債務槓桿的運用心理學：避免財務焦慮的行為策略

焦慮的債務,不一定是壞債

當個人或家庭面對債務時,第一個出現的往往不是財務問題,而是心理反應。焦慮、內疚、恐慌、羞愧感,這些情緒往往在利息通知單寄來之前就已經開始侵蝕人心。事實上,根據英國心理學會(British Psychological Society, 2022)研究顯示,約有高達62%的債務人表示在借款之後出現焦慮與睡眠障礙,其中尤以年輕世代與女性族群為主。

這說明,焦慮本身不是來自債務數字,而是來自「無法控制感」。若債務能被清楚地理解、計劃、監控,它所引發的情緒便會大幅降低。因此,債務管理首先要從「心理邊界」做起,而不只是數學計算。

■第一章　重新認識債務：從負擔到武器的轉化

理解「槓桿焦慮」：心理學中的資源壓力模型

心理學家埃爾達・夏菲爾（Eldar Shafir）與森迪爾・穆萊納森（Sendhil Mullainathan）在其著作《匱乏經濟學》（*Scarcity: Why Having Too Little Means So Much*）中提出「資源稀缺對認知造成的壓縮效應」：當人們感覺資源（例如金錢）不足時，大腦會自動將注意力集中在短期壓力上，導致決策品質下降，形成「窮忙、錯估、焦慮」的連鎖反應。

在債務情境中，這種壓縮效應使人傾向選擇立即還清、逃避賬單、不敢開帳戶等行為，反而削弱理性財務規劃的能力。認識這種心理機制，有助於個人覺察自身的「焦慮反應」源自認知壓力，而非真正的破產風險。

債務恐懼的四大類型：從心理學到行為分析

(1) 預期焦慮型（Anticipatory Anxiety）：未發生的還款困難即引發情緒反應，例如一想到月底要繳費就感到煩躁、緊張。

(2) 羞辱內化型（Shame-Internalization）：將負債視為個人失敗，進而產生自我否定或拒絕對話的反應，常見於教育背景較高者。

(3) 逃避行為型（Avoidant Coping）：選擇不讀帳單、不接催收電話，形成行為上的拖延與金融逃避循環。
(4) 過度控制型（Over-Corrective Planning）：為彌補焦慮，過度建立嚴格的理財制度、強迫性償還或節流，反而削弱生活彈性與幸福感。

上述四種類型，皆可透過心理治療或財務教練介入協助改善，特別是在具備可量化債務資料與規律現金流的情況下，更容易進行「預測－掌控－修正」的正向循環。

案例對照：心理韌性與槓桿成果之間的關係

正向典範：英國創業者 Liam 的債務紀律

Liam 於 2019 年以低利貸款開設自營電商平臺，初期因物流延遲導致現金週轉困難，但他選擇每週檢視財務、建立心理支持系統並與債權人協商還款彈性，最終使企業在疫情中逆勢成長。

負向範例：韓國自由業者 Soojin 的焦慮反應

Soojin 於 2020 年借貸購買剪輯軟體與影像設備，卻因平臺競爭激烈收入不穩，開始逃避還款、關閉手機、憂鬱失眠，最終被迫清算，並耗費一年以上重建信用評分。專家指

■第一章　重新認識債務：從負擔到武器的轉化

出其問題不在貸款選擇，而在於缺乏心理復原力與財務協調能力。

建立「心理安全區」的五個槓桿策略

(1) 設定彈性預算比例：不將每月收入全數用於償還，至少保留 10%～15%作為心理緩衝金。
(2) 債務日誌練習：每日記錄情緒與債務相關的想法，有助於釐清不合理焦慮源頭。
(3) 情緒支援系統建立：透過社群、財務教練、心理諮商取得情感與知識援助。
(4) 可預測償還計畫表：將債務切分為小額可執行步驟，避免「大數恐懼症」。
(5) 定期重整槓桿比率：每半年檢視一次負債與收入比，並調整槓桿策略，以避免隱性焦慮累積。

槓桿不是敵人，情緒失控才是風險來源

債務之所以令人恐懼，往往不是因為數字本身，而是因為我們對風險的想像超越了風險本身。建立理性槓桿觀與健康情緒反應機制，是當代財務思維不可或缺的一環。當你開始能用冷靜的眼光檢視借款

條件、以結構化的方式設計現金流與還款表,你就
不再是債務的承受者,而是資本遊戲的參與者。

第一章　重新認識債務：從負擔到武器的轉化

第六節
《富比士》富豪榜上的負債真相：債不只是窮人的專利

債務使用權的階級落差：越富裕，越能借錢

在多數人心中，「借錢」是因為「缺錢」。然而在現實中，擁有更多資產與收入的人反而擁有更多「借錢的權利」，也能以更低的利率、更彈性的條件獲得龐大的貸款。根據《富比士》(Forbes) 2024 年對全球億萬富豪的財務分析報告指出，超過 67％的富豪使用某種類型的債務槓桿，包括但不限於證券抵押融資、房地產槓桿、企業貸款與稅務延遲信貸。

這說明了一個結構性事實：在當代資本制度下，債務並非「貧窮的結果」，而是「財富擴張的工具」。它是一種獲利機制、一種風險分散手段，也是一種稅務與現金流策略。

第六節　《富比士》富豪榜上的負債真相：債不只是窮人的專利

高資產人士如何使用債務工具？

- 證券抵押貸款（Securities-Backed Loans, SBLs）：富人常將股票、基金等金融資產作為抵押，向私人銀行借款，用於購地、投資、納稅或生活費用，而不必實際賣出資產。
- 保單質借（Policy Loans）：使用高現金值壽險為擔保借款，在美國與新加坡廣泛應用，保險本體仍持續增值。
- 信託槓桿操作：透過家族信託架構安排借貸與投資行為，將個人債務轉為信託資產的現金流工具。
- 企業借貸與擴張槓桿：將個人資產與企業資金分離，透過法人名義取得高額信貸作為併購、擴張之本。

舉例而言，伊隆・馬斯克（Elon Musk）在 2022 年以個人特斯拉股份抵押獲得銀行授信，用於收購推特股份，其借貸行為引發監理機構關注，卻也展現了現代億萬富翁如何運用槓桿達成策略布局。

第一章　重新認識債務：從負擔到武器的轉化

財富與負債的正相關：
破除「富人無債」的迷思

　　《華爾街日報》(*The Wall Street Journal*, 2023)分析指出，美國百萬資產家庭的平均負債為 28 萬美元，其中房地產與創業貸款為主流。這些債務並非風險，而是設計精密的財務架構的一部分。例如：富人往往將利息費用設計為稅務抵減工具，以降低整體實際負擔。

　　此外，由於信用評等高、還款能力強，這些族群獲得的貸款利率通常低於通膨率，形成「實質負利貸款」效益。當通膨率為 3%、貸款利率為 2% 時，實際上借錢是賺錢──這是大多數中產階級難以想像的操作邏輯。

國際案例觀察：槓桿與富豪財務操作

美國 —— 巴菲特的現金流美學

　　華倫・巴菲特（Warren Buffett）長年透過保險公司收取保費（float）進行投資，實質上為一種「無償貸款」。他亦在多次財報中坦言，適當使用債務可提升報酬率與稅後資本效率。

第六節　《富比士》富豪榜上的負債真相：債不只是窮人的專利

德國 —— 百年企業家族的房產槓桿策略

以阿爾布雷希特家族創立的奧樂齊（Aldi）為例，該家族透過持有大量物流中心與門市的不動產資產，並在必要時以房產再融資方式籌措資金，不僅有效支持零售與物流基地的擴張，也在每輪融資操作中實現穩定的現金流與資本增值。

新加坡 —— 跨代信託與教育貸款布局

新加坡多個富裕家族會提前為子孫設計教育貸款與住宅貸款結構，使資產傳承不影響現金流與遺產稅負擔，兼顧成長與風險規劃。

為何我們看不見富人的債務？

富人的債務隱蔽性高，原因如下：

- 貸款來源非公開銀行體系，如家族辦公室、私人銀行與跨境信託。
- 債務多與資產掛鉤，被整合入報表，不呈現為「負擔」項目。
- 信貸工具結構複雜，難以單一專案辨識其槓桿規模。

■第一章　重新認識債務：從負擔到武器的轉化

　　這導致多數大眾誤以為富人「無債一身輕」，實則他們只是將債務安排為資產增長過程中的「推進器」，而非拖累。

> **掌握債務不是貧富問題，而是財商能力問題**
>
> 富人之所以能有效使用債務，是因為他們擁有清晰的現金流模型、風險對應能力與法律結構支持。真正的財務自由，不在於「沒債」，而在於「債得其所、借得其時、還得其力」。對於一般人而言，理解富人如何設計債務架構，並從中提煉可行策略，才是跨越財務階級鴻溝的起點。

第七節　以債為資的企業經營邏輯：可口可樂與特斯拉的融資典範

債務，是企業競爭的起跑點而非終點

在全球商業戰場上，企業的成敗往往不在產品本身，而在資本動員能力。企業如何運用債務，幾乎決定其成長的速度與抗風險能力。世界級企業並不迴避負債，相反，它們善於透過各類型債務工具為成長鋪路，把「債」視為策略資源，而非臨時應急。

財報顯示，截至 2024 年第一季，全球 500 大企業中，超過 78％ 的企業資產負債表上有長期債項，其中多數用於資本支出、產能擴張與研發投入。這些企業不僅不懼負債，反而將其視為控制成長節奏、管理資金成本與稅賦結構的核心工具。

第一章　重新認識債務：從負擔到武器的轉化

可口可樂的財務穩定槓桿策略

可口可樂公司（The Coca-Cola Company）長期被視為穩健負債經營的典範。自 2000 年代以來，公司便透過低利環境定期發行公司債券，將所得資金用於收購全球瓶裝廠與在地品牌，使其控股通路全球化而非僅產品全球化。

截至 2023 年底，可口可樂的長期債務達到 404 億美元，占其資產比重約 48%，但由於其現金流穩定、EBITDA（稅息折舊攤銷前盈餘）連年成長，使其信用評等始終維持在 A+ 以上。公司運用債務進行以下三種策略動作：

- ◆ 區域擴張槓桿：以融資資金建立瓶裝廠控股平臺，尤其在亞洲、非洲與拉丁美洲市場成功建置垂直整合鏈。
- ◆ 品牌併購操作：如對 Costa 咖啡、VitaminWater 等品牌的併購案，即由債券發行資金支應。
- ◆ 股東報酬槓桿：於利率低檔時發行債券，將原本用於營運的現金釋出用於派息與庫藏股操作，提升股東報酬。

這類財務操作顯示，可口可樂不以「零負債」為目標，而是尋求「槓桿與現金流平衡點」，進而在波動市場中維持擴張彈性。

第七節　以債為資的企業經營邏輯：可口可樂與特斯拉的融資典範

特斯拉的槓桿成長曲線：
從負債到自由現金流

特斯拉（Tesla, Inc.）的財務歷程是企業成長槓桿運用的現代教材。2008 年全球金融危機後，該公司面臨資金枯竭，但透過創辦人馬斯克主導的私募與政府貸款計畫成功獲得急需資金。2010 年特斯拉成功上市，並於 2013 年發行 10 億美元可轉換公司債，用於加州廠房建設與 Model S 推廣。

2020～2022 年間，特斯拉再次透過公司債發行與資本市場融資擴張德州、上海與柏林超級工廠，進而使年營收翻倍並產生大規模自由現金流，於 2023 年首度提前償還早期債券，並成功轉為正槓桿循環模式。

特斯拉的債務運用策略有幾個關鍵原則：

- 高成長與高槓桿並行：營運現金流仍不穩定時即啟動擴張貸款，重壓未來收入。
- 政府融資搭配私人資本：充分運用美國能源部貸款計畫，降低初期資本成本。
- 資訊透明與投資人溝通：持續向市場揭露負債結構與用途，使債務非恐懼來源而是信任指標。

■第一章　重新認識債務：從負擔到武器的轉化

這樣的運用顯示出槓桿若與成長潛力搭配得當，企業不僅可避免過度稀釋股權，還可加快擴張步伐與現金流轉正時間點。

槓桿與品牌價值的雙軌聯動

企業若能成功使用債務資金創造產品競爭力與品牌黏著度，槓桿效果將遠超財務層次。可口可樂利用槓桿強化全球配送體系與在地供應鏈，因此即使面對通膨與原料波動，其毛利率依然穩健。特斯拉則透過負債加速技術投入與產線擴張，使其科技品牌地位迅速超越傳統汽車製造商。

從品牌策略角度來看，債務讓企業得以搶占時間差——用他人的錢提早實現自身構想，在消費者心中形成先發品牌優勢。

> **會借錢的企業，不只是賺錢，更是賺市場地位**
>
> 從可口可樂到特斯拉，成功企業並不畏懼債務，它們熟知何時該借、為何借、如何還。債務不是補洞，而是通往競爭的地道。當企業能用未來的營收保障現在的投資，用槓桿擴大品牌與產品的市場占

第七節　以債為資的企業經營邏輯：可口可樂與特斯拉的融資典範

有率,那麼債務不僅是數字,更是商業策略的核心語言。

■第一章　重新認識債務：從負擔到武器的轉化

第八節　從日本「失落 30 年」看家庭負債與消費習性

低利率的代價：家庭債務不是高，而是靜止

日本經濟自 1991 年泡沫崩潰後，進入所謂的「失落三十年」。雖然政府與日本銀行採取長期寬鬆貨幣政策，將利率壓低至近零水準，並提供大量的貸款與刺激方案，但日本家庭的負債水準卻並未出現預期中的大幅成長。根據日本總務省統計局與 OECD 資料，2023 年日本家庭債務對 GDP 比約為 60%，遠低於美國（超過 100%）與韓國（近 90%）。

這樣的趨勢看似保守實則反映一種深層社會心理：對未來經濟成長的不確定與對長期低薪環境的擔憂，使家庭更傾向儲蓄而非消費，壓抑了債務槓桿的運用空間。換言之，日本並非不借錢，而是不敢借錢。

家庭財務的三重矛盾：
存款率高、消費保守、房貸負擔重

日本家庭的消費行為與債務結構顯示出三大矛盾現象：

1. 高存款率，低現金流效率

日本家庭平均儲蓄率在 2023 年為 13.2%，遠高於歐洲與美國。然而，這些資金多數停留於銀行定存，未被投入投資或槓桿用途，導致資金流動性極低。

2. 保守消費與耐久財折舊

即便在經濟刺激期間，多數家庭仍選擇減少不動產、大型家電與汽車的更新支出，傾向維持現有物品的使用年限，這抑制了新產業的形成與信貸流動。

3. 房貸集中於中年家庭與首購族

雖然整體負債水準不高，但 40～49 歲家庭的房貸壓力仍占可支配收入超過 35%，而年輕族群則因勞動市場不穩，進一步排除房貸可能性。

■第一章　重新認識債務：從負擔到武器的轉化

心理學因素：從過去創傷到未來退縮

　　日本經濟心理學家指出，日本家庭的儲蓄傾向是長期社會創傷的反射性反應。2021年的研究中表示，1990年代的地產崩盤與證券大跌，深深影響當時青壯年一代，使他們在成為家庭經濟主力後，對借貸產生強烈不安全感。

　　此外，日本傳統文化強調「無債一身輕」與「不拖累子女」的價值觀，使家庭債務常被視為風險而非資源。即便在金融條件寬鬆的情境下，借錢消費仍被視為不成熟、非理性行為。

國家層級的負債文化落差

　　有趣的是，日本政府卻是全球債務最高的國家之一，其國債占GDP比率高達260%。此一現象造成一種獨特的「家庭與國家雙元債務文化」：國家高度槓桿以支撐經濟，而家庭卻嚴格控債以自保。

　　這種文化落差造成政策推動效果有限。無論是消費稅調降、育兒補助貸款，或是房貸減稅政策，均難以刺激家庭進一步舉債，反而常見於短期內出現「補助即花、補完即停」的行為反應。

第八節 從日本「失落 30 年」看家庭負債與消費習性

年輕世代的新變化：
非典型消費與微型借貸興起

然而，近年來日本 20～30 歲世代在數位平臺的帶動下開始出現細微變化：

- 微型消費信貸平臺興起，例如 PayPay、LINE Pay 與 Mercari Credit 等，提供少量、即時、無卡的小額借貸與延遲付款功能，刺激了「即時型消費」。
- 共享經濟與租賃思維普及：年輕人傾向使用訂閱制、共享辦公、二手交易等模式，減少一次性資本支出，改以長期低壓流動模式管理財務。
- 去物質化與體驗優先：消費行為逐漸從「擁有」轉向「體驗」，如旅遊、課程、社交活動，並配合分期付款與消費計畫，呈現新型態的借貸合理化傾向。

日本經驗對其他國家的啟示

(1) 借不到錢不一定是問題，借不敢借才是真課題。
(2) 低利率環境不必然刺激舉債，需搭配文化與信任建構。

■第一章　重新認識債務：從負擔到武器的轉化

(3) 家庭金融教育應兼顧創傷修復與信貸理解。
(4) 年輕族群應主動理解風險管理，不應視債務為絕對負面名詞。

> **債務文化，是一國未來動能的心理投射**
>
> 從日本失落三十年的經驗可知，債務並非經濟的表層現象，而是整體國民對未來的信心與風險忍受力的反映。當家庭視負債為危險時，創新與成長也將受限；唯有將債務文化轉為「資源視角」，才能真正活化財務槓桿，讓個人與國家同步脫離停滯，迎向新一輪循環。

第九節　債務與資產配置的關鍵連動

借錢不是目的，資產成長才是本質

債務不該被孤立視為一筆單純的負擔，而應被納入整體資產配置策略。事實上，債務與資產的關係就如同燃料與引擎——若配置得當，債務能驅動資產增值，反之則可能導致燃燒過度、資產縮水。

全球知名財富管理機構貝萊德（BlackRock, 2023）指出，高淨值族群之所以能夠穩定放大財富，關鍵在於能將槓桿與資產配置整合思考。這不只是借錢後「怎麼還」，而是借之前「放在哪裡」的規劃問題。

資產配置的三個層次與負債結構配合

1. 流動性配置層（Liquid Assets）

如現金、貨幣型基金、短期債券，適合以短期信用貸款或可隨時還款的信用額度搭配。目的在於資金週轉與彈性調度。

2. 成長性配置層（Growth Assets）

如股票、不動產或新創股權，適合搭配中期、固定利率貸款，例如房貸、投資性貸款，以拉長償還期間，對抗資產價值波動。

3. 防禦性配置層（Protective Assets）

如保險、退休金、黃金或長期債券，此類資產常作為債務壓力的緩衝帶，並非直接抵押對象，但應預留足夠保額與避險資產對應長期負債風險。

這三層配置若能與不同性質與期間的債務相互搭配，將可構成一個具彈性、風險可控的資產槓桿架構。

真實案例解析：以債養資的三種模式

1. 新加坡家庭理財模型

新加坡部分高收入家庭採用「三層債務對應三層資產」原則，例如利用浮動利率信用貸款應急現金需求，固定房貸配合不動產持有，中長期儲蓄則搭配壽險與公積金制度，形成債資平衡。

2. 加拿大移民創業基金案例

中小企業主 Tom 透過房屋再抵押（Home Equity Line of Credit）取得低利資金投入咖啡館改裝，原店面月營收 1.8 萬加幣增至 2.7 萬，成功以營業現金流償付槓桿成本。

3. 英國高資產族的股票質押融資

倫敦投資人 Emma 將長期持有的能源股質押給私人銀行，借款用以購置第二住宅，並利用租金與資本利得雙管齊下還本與利息，兼顧資產增值與稅務優化。

操作原則：讓債務與資產「對話」

(1) 一致性原則：資金來源與用途需在性質與時間上匹配，例如：不應以短期貸款投入高風險、長期資產，否則資金壓力可能爆發。

(2) 風險分攤原則：避免單一資產過度負債，應以資產池概念管理負債分布，例如三筆資產對應三筆債務，而非全部集中於一項資產上。

(3) 利率敏感原則：固定與浮動利率的選擇應根據資產報酬預測與通膨預期調整。

■第一章　重新認識債務：從負擔到武器的轉化

(4) 現金流對應原則：資產若無穩定現金流，則不宜使用高槓桿操作；現金流強項資產如出租房、股息股，則可承擔較高槓桿比率。

新興數位工具如何提升債資整合能力

近年來，多款 App 與平臺（如 Personal Capital、Mint、中國的隨手記與螞蟻聚寶）提供即時的資產負債整合圖表，協助用戶視覺化配置結構，並提供預警分析、利率變動模擬與槓桿調整建議。

此外，歐洲興起的「自動資產再平衡程式」（Auto Rebalancing Bots）已導入 AI 分析各資產對應槓桿效率，進一步強化資產配置與負債結構的動態平衡能力。

> **槓桿是畫筆，資產配置是畫布**
>
> 債務不再是孤立問題，而應與整體資產配置形成對話。唯有掌握槓桿與資產的連動邏輯，才能打造真正具備抗壓力與成長性的財務架構。資產配置若無槓桿支撐，難以放大報酬；槓桿若無資產對應，則可能加速風險。因此，聰明的理財者懂得借錢，也懂得借對資產、借對節奏。

第十節　用債思維重構你的財務核心價值觀

錢不是資本，觀念才是

在進入槓桿與負債操作前，我們首先要問的是：「我為什麼需要錢？」、「我希望錢為我帶來什麼？」這樣的問題看似哲學，其實是所有財務規劃與資本管理的根源。真正的財務價值觀不是來自金額，而來自你對錢的定義。你是把錢當作保障、安全、地位的象徵，還是當作實現未來自由的工具？

如果你仍停留在「借錢是錯、還錢才是對」的邏輯，那麼你將被傳統的無債至上觀念困住，也會錯過以負債創造資產、用現金流設計人生的機會。

債務觀會形塑財務命運：從價值信仰出發

行為財務學者丹・艾瑞利（Dan Ariely）與經濟心理學家理察・塞勒（Richard Thaler）皆指出，個人對金錢與負債的

■第一章 重新認識債務:從負擔到武器的轉化

「情緒連結」,往往比實際數據影響更大。若一個人將債務視為恥辱,他將過度節制而無法使用資源;若將債務視為魔法,他可能過度槓桿而無法收場。

因此,一個成熟的財務人格,需要擁有以下三種能力:

◆ 中性理解負債:既不神化,也不汙名化,視其為一種可計算、可預期、可控的財務工具。
◆ 動態調整價值感知:隨人生階段(如單身、育兒、創業、退休)調整風險忍受力與借貸邏輯。
◆ 情緒與現金流同步建構:當借款所支持的現金流可穩定提供心理安全感,槓桿才不會成為焦慮來源。

重新定義「安全」與「自由」:金錢價值觀轉型

在過去的觀念中,安全等於儲蓄,自由等於消費。但在今日的槓桿世界中,安全應定義為「可預測現金流」,自由則定義為「資本可調度性」。

例如:一位有 300 萬定存的人看似安全,實則若其現金流為零且無任何資產調度計畫,一旦出現重大醫療支出,將面臨資本萎縮風險;反之,一位有穩定租金收入、保險槓桿與投資報酬的人,即使帳戶可用資金僅百萬,仍可透過資金

第十節 用債思維重構你的財務核心價值觀

調度維持自由生活。

這種價值觀的轉換不只影響投資策略,也影響你如何選擇職涯、家庭結構與居住選擇。以自由為導向的財務價值觀,更接近 21 世紀的生活模式 —— 流動性、多樣性與策略性。

案例啟發:用價值觀指引債務策略

自由工作者 Maggie

Maggie 在 2019 年選擇辭去正職成為自媒體顧問,起初靠信用貸款購入設備與課程資源,雖面臨每月壓力,但因其價值觀清晰:「我要用專業換自由,而非用穩定換束縛」,最終在兩年內月營收突破 20 萬並全數償清貸款。

企業轉型者劉先生

原為製造業老闆的劉先生,因疫情轉向線上供應鏈服務。他將廠房抵押獲得 800 萬人民幣營運資金,初期週轉吃緊,但因其價值觀明確:「我是用過去的資產創造未來的現金流」,最終成功完成轉型並打入跨境市場。

■第一章　重新認識債務：從負擔到武器的轉化

英國教師夫婦的教育貸款選擇
　　Emily 與 John 決定借貸 4 萬英鎊供子女赴美進修。儘管資金緊張，但他們認為「教育是跨代資本」，此一核心價值使他們更積極規劃家庭收入與房貸重組策略，並與孩子訂立還款共識。

如何打造你的「債務價值觀地圖」？

(1) 列出你的金錢信仰句：例如「有債就不自由」、「錢要自己賺才安心」、「借錢是風險，不是工具」—— 然後逐一檢視其來源與正當性。

(2) 設計個人槓桿容忍度模型：定義自己可接受的每月還款比、最大負債總額與最低現金流門檻。

(3) 同步家庭與伴侶價值觀：確保配偶與父母對於貸款、保險與投資的觀點不衝突，避免因觀念差異產生長期內耗。

(4) 預留彈性與風險對應計畫：在價值觀之下設立可行的 Plan B，如保險給付、預備金、兼職機會等。

第十節　用債思維重構你的財務核心價值觀

重新定義你與錢的關係，才是理債真正的開始

債務不只是數字的負擔，它是你對未來態度的延伸。一個能以清晰價值觀面對金錢的人，才能在市場波動、職涯轉變或家庭挑戰中做出一致且具韌性的財務選擇。用債思維不是鼓勵借更多錢，而是讓你用更成熟、更自律、更有彈性的方式去思考錢與人生的關係，真正做到「錢為你工作，而非你為錢焦慮」。

第一章　重新認識債務：從負擔到武器的轉化

第二章
用對債，富得快：
債務的風險控管與財務設計

第二章　用對債，富得快：債務的風險控管與財務設計

第一節　財務安全網：你能承受多少負債風險？

建構財務安全網的基本邏輯

「安全網」這個詞，在高空彈跳與馬戲表演中代表墜落時的保護系統；在財務管理中，則意味著「當收入中斷、支出暴增或負債壓力來襲時，你還能不崩潰地撐多久？」

財務安全網的核心在於風險吸收能力。若一個人每月收入有九成都被用來支付債務或固定支出，任何一點收入減損或突發開銷，都可能成為壓垮生活的最後一根稻草。因此，財務風險的承受力不單是「可借多少錢」，而是「即使一切不如預期，我還能站得住嗎？」

根據國際貨幣基金（IMF, 2023）報告指出，建立可支撐 6 個月生活開銷的儲備資金，仍是全球個人財務風險緩衝的通則。這筆金額不應包含投資性資產，而應限於高流動性工具，如活存、貨幣型基金或保險給付。

財務安全網的三層結構：
收入穩定層、資金緩衝層、風險轉移層

- 收入穩定層：包含正職工作、固定接案、租金收入等可預測現金來源。收入穩定度越高，承債能力越強。
- 資金緩衝層：包含緊急預備金、可動用儲蓄、家族支援資源等。這是財務「中段防火牆」，用來應對收入短缺時的短期生存。
- 風險轉移層：包括壽險、醫療險、失能險、房屋火險等，用以應對無法預測的高額支出事件。

只有當這三層結構完善，才可安心進行槓桿與負債規劃。若缺乏其中任一層，則負債將成為壓力來源，而非成長助力。

全球家庭安全網數據比較

根據 OECD 統計（2023）：

- 美國：平均家庭緊急資金約可支撐 3.5 個月，保險滲透率高，但儲蓄意識偏低。
- 德國：平均儲備可支撐超過 6.8 個月，風險轉移制度完善，為歐洲最高水準之一。

■第二章　用對債，富得快：債務的風險控管與財務設計

◆ 韓國：因信用擴張與房貸集中，平均僅有 2.2 個月儲備金，財務壓力與風險暴露高。
◆ 中國：一線城市家庭平均儲備金約可支撐 2～3 個月生活費，風險意識逐步提升，特別是在疫情後家庭財務規劃明顯增強。然而，由於房貸與教育支出占比偏高，多數家庭的實質可動用儲備有限，顯現出高負債與低緩衝並存的雙重壓力。

這些數據顯示，光靠收入不代表安全，緩衝與風險分攤能力才是真正的風險承受核心。

如何自評你的負債承受力？

建議從以下四個指標進行自我財務壓力測量：

◆ 債務占收入比（Debt-to-Income Ratio, DTI）：總債務支出／月收入。一般建議不超過 36%，高風險族群應控制在 25% 以下。
◆ 儲備月數（Emergency Buffer Months）：能不工作情況下維持生活幾個月？不少於 3 個月為底線，6 個月為安全值。

◆ 利率敏感度測試：若利率上升 2%，你的每月還款壓力會增加多少？是否足以造成現金流緊張？
◆ 負債集中度：債務是否集中於單一用途？如全部為房貸或卡債，將導致風險單點爆發機率上升。

案例解析：不同族群的安全網設計

◆ 年輕雙薪家庭：主收入與次收入應建立交錯保險保障，並以公積金、儲蓄險為資金緩衝。此族群應善用數位帳戶與自動分帳 App（如中國的有魚記帳、隨手記）強化財務紀律。
◆ 單親自由工作者：應將流動資產占比提高至 30%，並購買失能與收入中斷險，提升現金替代率。同時可透過共享保險平臺（如水滴保）分攤醫療風險。
◆ 中年創業者：若槓桿程度高，應設立至少 9 個月儲備金並控管每月槓桿回收比，確保即使收入中斷亦可持續營運 3 季以上。也建議提前建立應急資金信託帳戶或備用資金授信額度。

■第二章　用對債，富得快：債務的風險控管與財務設計

你不是欠錢，而是欠保險與計畫

財務安全網的本質不在於儲蓄多少，而是你是否設計了「不幸發生時的替代選項」。一旦你擁有收入替代計畫、資金備援工具與風險轉移配置，就不再需要害怕借錢。真正讓人陷入困境的，不是債務本身，而是當危機來臨時，沒有任何人、資源或計畫可以托住你。學會為未來的不確定預留空間，你的財務槓桿才會有真正的安全邊界。

第二節
OECD 建議的個人負債比例：
全球標準解析

個人負債比率：財務健康的量尺

OECD（經濟合作與發展組織）針對家庭財務穩定的長期研究指出，負債占可支配收入的比率（Household Debt-to-Disposable Income Ratio）是衡量一個家庭承擔風險能力與資產穩定度的重要指標。該比率反映出一個家庭是否以超過其收入能力的方式進行槓桿運作，也能顯示家庭在突發事件下的抗壓程度。

比率偏高，往往暗示著家庭過度依賴貸款維持開銷，若遭遇失業、突發醫療或經濟下行風險，將迅速引爆財務斷裂；而比率適中，則顯示借貸行為受到有效管理，兼顧風險與報酬。

根據 2023 年 OECD 統計資料：

◆ 挪威、丹麥等北歐國家的家庭負債率超過 200％，但由於高社會福利與金融資產比例偏高，違約風險低。

■第二章　用對債，富得快：債務的風險控管與財務設計

- 美國約為 101%，其中 70% 以上來自房貸；消費貸款亦為主要槓桿來源。
- 日本家庭債務比率僅 65%，但消費活力偏低，反映其保守理財文化。
- 法國與澳洲約在 120% 上下，為 OECD 中等負債國家，其資產組合多元、槓桿策略偏向長期持有。
- 中國官方雖未發布統一國際比對數據，但根據中金公司與中國人民銀行的綜合研究推估，2022 年底中國城鎮家庭平均負債收入比已超過 95%，一線城市則普遍突破 120%。

這些數據顯示，負債比率不能孤立判讀，還須配合下列三項條件：(1) 家庭收入是否穩定可靠、(2) 債務是否與資產類型相對應、(3) 是否有完善社會保障體系作為風險後盾。

OECD 建議的家庭債務管理原則

OECD 與 IMF 對於家庭債務長期研究結果，建議其會員國應以下列三項原則作為個人風險評估與信貸授權標準：

◆ 總債務不應超過可支配年收入的90%：舉例而言，若年收入為100萬元，則總債務（包含房貸、車貸、學貸、信用卡等）不得超過90萬元。
◆ 每月債務償還支出應控制於月收入的36%以內：此為Debt Service Ratio（DSR）指標，也是多數銀行與貸款機構授信條件的基準。
◆ 首購房貸占房價不超過70%：此規範目的在於避免家庭資產過度集中於不動產，並減少房價下修所帶來的財務連動風險。

上述原則已逐漸成為多國中央銀行及家庭財務顧問機構的通用指引，例如德國與荷蘭銀行在審核個人房貸時便明文納入上述比率計算，並搭配風險測試（如利率上升3%的還款壓力模擬）以控管授信品質。

中國家庭負債快速上升的原因與挑戰

自2016年起，中國家庭槓桿率快速上升，成為亞太區增幅最快的經濟體之一。究其原因，主要來自兩股力量：

第一，是房價長期上行造成家庭高度依賴房貸舉債。中國房貸普及率極高，尤其在北上廣深等一線城市，住宅總

■第二章　用對債，富得快：債務的風險控管與財務設計

價高企，年輕家庭需動用家庭資源與多年收入進行高槓桿購房。

第二，是教育、醫療與子女撫育成本上升，迫使中產階級依賴信用貸款與網路分期支付工具來維持生活品質。尤其在雙職家庭中，子女早教班、海外遊學與補教支出已成為家庭結構性開銷的重要來源。

根據《中國家庭金融調查》2023 年報告，家庭負債結構中，57％為住房貸款，其次為消費信貸與教育貸款。隨著 2023 年下半年利率微幅上升，部分家庭面臨月供壓力擴張，反映出負債與收入間缺乏足夠彈性的風險現實。

中國與 OECD 國家的債務治理差異

- 金融知識普及度：OECD 國家普遍具有成熟的財務顧問制度，家庭在進行重大借貸前多經專業指引；中國雖近年積極推動金融消費者保護，但基層對於 DTI 與 DSR 等風險指標尚屬陌生。
- 資產分散程度：歐美家庭資產組合常涵蓋股票、退休金、保單、不動產等多元配置；而中國家庭資產集中於自住房比例偏高，抗波動能力相對薄弱。

◆ 社會保障覆蓋率：北歐如瑞典、挪威教育與醫療基本免費，家庭無須舉債即可獲得公共服務；中國雖已普及城鎮基本保險體系，但保障額度與支出比例仍需個人補足。

如何以 OECD 準則設計自己的負債策略？

(1) 定期檢視 DTI 與 DSR 指標：每半年進行一次財務健檢，確認債務占比與還款負荷是否過高。
(2) 債務性質分層管理：將房貸視為長期槓桿，信用卡與消費貸則列為短期策略工具，避免交叉混用。
(3) 資產對應槓桿來源：以具現金流資產（如出租不動產、保單現金值）支應中長期負債，建立收支對應。
(4) 預設風險情境與退出機制：模擬突發收入中斷 3 個月內的應對方案，設立槓桿紅線與資產變現路徑。

比率不是目標，而是導航器

OECD 負債比率指標不是絕對的禁令，而是一把衡量家庭財務穩定與風險承擔力的準繩。最終，你借多少錢並不重要，關鍵在於你是否借在該借的地

■第二章 用對債，富得快：債務的風險控管與財務設計

> 方、借在能負擔的結構中，以及借得是否能創造收入與價值。當你用國際框架校準自己的財務策略，你的每一分債務，就不再只是壓力，而是推動未來成長的引擎。

第三節
信用分數如何影響貸款條件：
美國與歐洲的對比分析

信用評分制度的緣起與作用

在現代金融體系中，信用分數（Credit Score）早已成為銀行與貸款機構決定授信條件的首要依據。這套制度源於美國 20 世紀初，最具代表性的是由費爾艾薩克公司（Fair Isaac Corporation）設計的 FICO 分數系統。其基本邏輯是透過個人的借貸紀錄、還款行為、信用歷史長度、信用種類與新開戶紀錄五項指標進行量化，進而決定個體風險。

在美國，一般信用分數介於 300～850 之間。分數高於 750 者被視為極低風險族群，能獲得較低利率、較高額度及較快速的審核流程；而分數低於 600 者則多被視為高風險借款人，可能遭到拒貸，或須接受高利率與更多擔保要求。

歐洲國家雖不完全使用 FICO 系統，但多數擁有國家級或跨境的信用機構。例如英國的 Experian、德國的 Schufa、

■第二章　用對債,富得快:債務的風險控管與財務設計

法國的 FICP 系統,皆以當地金融與法律環境為基礎建立類似評級模型。

美國信用分數與貸款條件的實際對應

根據 2023 年《美國信用觀察報告》資料顯示:

◆ 信用分數在 780 以上者,平均房貸利率約為 5.4%,車貸利率 3.2%,信用卡年利率 13.6%。
◆ 分數在 620 ～ 639 者,房貸利率上升至 7.9%,車貸利率高達 11.8%,信用卡年利率則突破 21%。

這種明顯差異突顯信用分數對貸款成本的直接影響。例如:一筆 30 年期 30 萬美元的房貸,在分數良好(760)與邊緣(630)者之間,每月本息差距可達 230 美元,30 年總成本相差逾 8 萬美元。

此外,美國學生貸款與小企業貸款也採用信用評分作為核貸依據,愈來愈多平臺貸款(如 SoFi、LendingClub)亦引用信用模型自動決定放款利率與條件。

第三節　信用分數如何影響貸款條件：美國與歐洲的對比分析

歐洲信用評等制度特色與趨勢

與美國偏向市場驅動相比，歐洲多數國家以公私合營機構建立信用資料庫：

◆ 英國：採用三大信用評級公司（Experian、Equifax、TransUnion），並有 FCA（金融行為監管局）統一規範資料使用標準。

◆ 德國：Schufa 系統自 1950 年代即由多家銀行與零售商共同建立，資料覆蓋 90% 以上成人人口。

◆ 法國：雖無傳統信用分數制度，但所有不良貸款紀錄會上報 FICP（Fichier des incidents de remboursement des crédits aux particuliers）資料庫，進入後將限制多數金融活動。

歐洲整體趨勢顯示，信用分數雖非唯一放貸依據，但其影響力持續上升，特別是在數位銀行與跨國金融服務中，已逐漸成為關鍵參考標準。

■第二章　用對債，富得快：債務的風險控管與財務設計

信用分數與公平性的爭議：
制度設計與文化差異

　　值得關注的是，信用評分制度在全球擴張過程中也引發不少爭議與批評。首先是數據來源偏頗，例如低收入戶、移民、新近畢業者可能因信用歷史短缺而無法獲得真實風險反映。其次是文化差異，美國偏重個人責任與行為紀錄，歐洲部分國家則強調社會整體安全網與政策干預。

　　聯合國開發署（UNDP）與世界銀行亦在 2022 年報告中指出，過度依賴信用分數將可能排除部分弱勢族群參與金融市場，建議各國建立信用替代模型，如收入穩定性、教育背景、租金繳納紀錄等，作為補充依據。

中國信用體系的發展與在地實踐

　　中國的個人信用評分體系起步較晚，但發展速度極快。自 2015 年以來，人民銀行推動個人徵信機構試點，芝麻信用（螞蟻集團）與騰訊徵信等企業相繼推出自有評分系統，雖未被納入官方徵信網絡，但在電商、租房、行動支付與平臺貸款等領域廣泛使用。

　　中國國務院於 2013 年頒布《徵信業管理條例》，由中國

第三節　信用分數如何影響貸款條件：美國與歐洲的對比分析

人民銀行主管，旨在規範徵信活動、保護個人資訊安全，並推動社會信用體系建設。近年來，央行持續推進個人信用體系整合，結合數位技術與跨平臺數據，在提升徵信資料準確性與透明度的同時，也期望建立一套兼具公信力與市場效率的現代信用評級架構。

目前，中國個人信用評分已開始影響房貸利率、信用卡核發、消費貸額度與租房押金等多項民間活動，成為新世代金融互信機制的核心要素。

一分信用，十倍財務槓桿

美國與歐洲成熟市場已將信用分數深度嵌入金融體系，成為決定個人資金成本與槓桿能力的主導因子。對中國與其他新興市場而言，信用體系的建立不僅關乎風險控管，更涉及金融包容性與社會公平。每一筆貸款的利率背後，反映的不只是你的還款紀錄，而是整體社會對於「可信度」的集體認知與制度設計。

■第二章　用對債，富得快：債務的風險控管與財務設計

第四節　短債與長債怎麼選？從英國買房政策學借貸思維

貸款期限不是利率的選擇，而是風險的安排

對大多數家庭而言，借貸不只是資金問題，更是風險安排。長期貸款雖然利率總成本較高，但能分散月付壓力、提升短期現金流彈性；短期貸款則雖利率相對低，但每月負擔大且風險集中。

選擇貸款期限時，核心考量不應只有「哪個利率最低」，而應是「哪個方案最能配合你收入與生活週期的彈性」──這也是金融行為學者所謂的「還款能力匹配原則」（repayment capacity alignment principle）。

英國房貸市場制度作為典範模型

英國的房貸制度可說是短期與長期債務設計的對比教科書。根據英國金融行為監管局（FCA）2023 年報告指出，英國房貸市場近七成為 2～5 年固定利率產品，之後轉為浮動

利率,稱為「fix and revert」模式,這種結構為借款人提供初期穩定期,過後依市場而調整。

此外,英國金融體系強調「affordability checks」,即銀行在放款前需測試借款人在利率上升3%情境下是否仍能持續償還。這不只是一種法定規定,更內嵌於貸款設計本身。

短期與長期債務的差異與應用時機

類型	優勢	風險	適用情境
短期貸款	利率低、總利息少	月繳壓力高、現金流敏感	收入穩定且即將有資金進帳者,如年終獎金、出售資產者
長期貸款	月繳輕鬆、現金流穩定	利息總額高、綁約期限長	收入波動、希望維持靈活現金用途者,如自營業者、年輕家庭

借貸期限的心理學面向:安心與掌控感

根據英國行為洞察團隊(Behavioural Insights Team, 2022)調查指出,多數借款人選擇貸款年限時,其實並非基於理性總利息計算,而是基於對「每月可掌控感」的認知。這說明,貸款決策是心理安全建構的一部分。

而當貸款期限越短、金額壓力越高，借款人愈容易產生焦慮、對風險過度反應，甚至影響消費與投資決策。因此，「選擇長債」往往不是出於利率，而是為了換取心理穩定與家庭現金彈性。

中國買房借貸的期限問題

相較於英國的「fix and revert」制度，中國房貸制度長期以等額本息制為主，多數貸款年限達 20～30 年。但這種長期結構並未搭配彈性利率選擇或再談條款，導致許多家庭即便收入成長後仍無從調整月付條件。

自 2022 年起，部分銀行開始試行浮動利率與提前還款選項，象徵著中國也開始向彈性化債務模型靠攏。

如何設計你自己的借款期限？

(1) 評估未來 3 年內收入預測：是否可能升遷、轉職、自營？收入變動性愈大，越需要採長期彈性方案。

(2) 考慮生活重大事件時間表：結婚、生育、創業、退休等，皆需額外預備金，適合採低月付設計。

(3) 檢視利率環境預期：若利率將升高，鎖定固定利率長債有助於節省未來支出。
(4) 建立償債快退機制：即使選長期，也應預設條件償還，例如年收入成長達標時自動提前清償 10%。

> **貸款年限，是你的時間財務策略**
>
> 選擇貸款年限，不只是對利率的選擇，而是你對時間與風險的調度藝術。會借長債的是懂得為未來留下空間的人，敢借短債的則是看準資金節奏的規劃者。借多久的錢，往往決定你能走多遠。

■第二章 用對債,富得快:債務的風險控管與財務設計

第五節 風險來自不懂條款:德國銀行合約中的「隱藏成本」

銀行條款從來不是寫給素人看的

在借貸行為中,最常見的風險之一,不是來自資金不足,而是來自「看不懂合約」。許多人簽下貸款文件時,往往只看貸款金額與利率,卻忽略了附帶條款中的細節——這些細節,正是銀行設定風險轉嫁與費用空間的地方。

根據德國聯邦金融監管局(BaFin, 2022)調查顯示,超過47%的借款人表示「對銀行條款內容了解有限」,其中尤以首次購屋者與中老年人為主。這些人往往未留意合約中的違約條款、利率變動依據、提前還款罰則、強制保險連動或帳戶管理費等隱性成本。

德國銀行合約中的典型「隱藏成本」

◆ 提前還款手續費(Vorfälligkeitsentschädigung):德國多數固定利率房貸在合約期間不得任意提前清償,如提前

第五節　風險來自不懂條款：德國銀行合約中的「隱藏成本」

還款則須支付 2%～5%的「利息損失補償金」。
- 帳戶管理費（Kontoführungsgebühr）：某些銀行會為配套帳戶收取月費，即使帳戶僅用於還貸。
- 利率變動區間設限：即使利率表面浮動，但合約中常設「封頂利率」與「最低利率」條件，限制利率調整彈性。
- 強制購買附加產品：如必須購買指定保險、信用保障計畫，甚至證券商品，作為貸款前提條件。
- 公證與手續文件費：特別是在購房貸款中，德國借貸人需支付額外的公證費、登記費與評估費，合約並不總明列於貸款成本中。

這些隱性成本往往在合約條款中以德文法律術語呈現，非法律背景者難以完全理解。

合約語言的設計：權力不對等的文字策略

德國《民法典》(BGB)雖規定合約條款應「清晰、透明、無歧視性」，但實務上，銀行仍有極大空間設計其「條款結構」，以提高自身風險避險效率。文字的模糊性與專業術語的使用，形成知識門檻。

例如：在房貸合約中常見條款：「本行得於市場利率重

■第二章　用對債，富得快：債務的風險控管與財務設計

大變動時調整貸款利率，但不高於原定利率上限 10%。」對借款人而言，此句可能被誤解為「利率最多調高 10%」，實際上是指「比原利率高出 10% 的範圍」。此一解釋落差即可能導致預期錯誤與財務壓力。

中國與亞洲市場的合約問題

相較於德國的合約制度，中國與亞洲多數國家雖法律條文簡化、語言通俗化，但常出現「資訊揭露不足」、「費用不標示清晰」的現象。例如銀行廣告標榜「低利貸款」，實則搭售高額壽險、卡費與開辦費，最終實際年利率高於 5% 以上。

2022 年，中國銀保監會明令要求「消費金融產品年化利率必須明示」，並對過度包裝與隱形收費展開查處。但由於線上貸款平臺興起，部分新創金融科技公司仍有規避條款揭露的操作空間，借款人若不慎查閱合約，極易落入「還貸成本比預期高」的陷阱。

第五節　風險來自不懂條款：德國銀行合約中的「隱藏成本」

借款人必備的「條款識讀力」四原則

(1) 逐字閱讀合約、勿只看摘要：重點不只在利率與金額，更在「條款適用條件」。

(2) 要求簡單合約與費用明細附表：若有附帶手續費、代辦費或罰金，應列清楚支付情境與計算方式。

(3) 諮詢第三方專業律師或金融顧問：合約理解不該依賴銀行客服，避免立場偏頗。

(4) 模擬三種變動情境試算：利率上升、提前清償、逾期未繳等，試算三種情境對總成本與信用評分的影響。

會借錢的是高手，看得懂條款的是贏家

真正危險的不是借太多錢，而是「借得不明不白」。在現代金融市場中，風險從來不只是市場波動，也來自知識不對等與資訊不對稱。合約是你與銀行之間的遊戲規則，當你看得懂規則、知道界線、理解代價，你才真正開始成為一位能控制命運的理財者。

■第二章　用對債，富得快：債務的風險控管與財務設計

第六節　如何因應利率上升？以加拿大變動利率貸款為例

利率上升，是所有負債策略的壓力測試

在低利率環境下，借貸看似輕鬆無感；但當全球利率進入上升週期，所有貸款人的風險管理能力將被徹底考驗。尤其對於選擇浮動利率（Variable Rate）的貸款人來說，利率每上升一碼（0.25％），就可能讓每月房貸或企業貸款支出多出數千元甚至上萬。

國際貨幣基金組織（IMF, 2023）預警指出，自 2022 年起的利率上升趨勢，對槓桿族群與房貸市場構成極大壓力，特別是對浮動利率占比較高的國家，如加拿大、澳洲與韓國。

加拿大房貸市場與變動利率結構解析

加拿大是全球變動利率住宅貸款比例最高的主要經濟體之一。根據加拿大抵押與房屋公司（CMHC）資料，截至

第六節　如何因應利率上升？以加拿大變動利率貸款為例

2023 年初，超過 45％的新核貸房貸為變動利率型。這種貸款類型雖在起始階段利率較低，但一旦央行升息，即面臨月供金額上升或攤還期延長。

加拿大的變動利率主要分為兩類：

◆ 利率隨行型（Adjustable Rate Mortgage, ARM）：每月利息與本金金額根據央行基準利率自動調整，立即反映利率變動。

◆ 定額月供型（Variable Payment Mortgage, VPM）：每月支付金額固定，但利率升高後本金還款速度減慢，延長整體貸款年限。

兩類型對借款人造成的壓力方式不同：ARM 提高月繳壓力，VPM 則拉長債務期程並降低本金減少速度。

2022～2023 年利率上升下的衝擊實例

以多倫多與溫哥華為例，原本年利率 2.45％的變動房貸，在 2023 年中升至 6.1％。一筆總額 70 萬加幣的貸款，月供從 $2,800 上升至 $4,200，年支出增加達 1.6 萬加幣，對中產家庭形成沉重壓力。

■第二章　用對債，富得快：債務的風險控管與財務設計

更甚者，由於部分定額月供型借款人在利率上升後本金幾乎不再減少，出現「negative amortization」（負償還）現象，意味即使持續繳款，實際負債總額不降反升。

因應利率風險的五項策略

(1) 建立利率敏感度表格：模擬利率每升1%時，貸款月供增加多少，提早建立預警意識。
(2) 考慮轉換為固定利率方案：若預期未來1～2年內仍將升息，可與銀行協商轉為固定利率。
(3) 增加提前還本頻率與金額：在可承受範圍內提早還款，縮短負債時間並降低利息總支出。
(4) 設定還本下限或重談結構：針對定額月供型VPM貸款，可與銀行協議最低還本金額，避免負償還。
(5) 預留緊急利率預備金：建議設定3～6個月的「升息緊急備金」，以應對短期現金壓力。

中國與臺灣浮動利率借貸現況

與加拿大不同，中國雖普遍實行浮動利率房貸制度，但銀行多以「機動調整」方式進行，即每3個月或6個月依參

考利率進行一次利率重設。調升重貼現率後,多數銀行同步調整貸款基準利率,使得浮動房貸族群立即感受到還款壓力。

此外,中國於 2020 年推動房貸「LPR(貸款市場報價利率)轉換」政策,將既有貸款逐步連結至 LPR,提升市場反應靈敏度,使利率波動成為常態,對家庭資金彈性構成挑戰。

利率風險是常態,而非意外

許多借款人總以為利率會一直維持低檔,這正是風險產生的根源。專家建議將「升息」視為一定會發生的週期事件,在借款初期即納入財務規畫。例如在貸款初期便設計出兩階段付款計畫:階段一以目前利率試算,階段二則模擬 2% 升息後的還款壓力。

浮動利率不是錯,沒準備才是錯

選擇浮動利率本身並非錯誤,因其可因應初期資金不足或靈活資產運作。但錯在沒有做好預算與現金流的備案。利率是一把雙面刃,低時讓你獲利,高

第二章 用對債，富得快：債務的風險控管與財務設計

時若無準備則易受傷。你無法控制央行，但你能提早布局、規劃風險區間與調整現金彈性，這才是成熟借貸者的真正素養。

第七節　信用卡債的全球困局：從韓國卡奴潮學戒慎消費

信用卡債不是現代問題，而是現代人心態的折射

信用卡，本是現代金融發展為了便利消費與暫時性流動資金而設計的工具，然而當「預支未來」成為慣性，它便從工具變成陷阱。根據《全球支付報告 2024》資料，全球信用卡持卡人總數已超過 27 億人，其中信用卡循環利息負債（revolving debt）占比最高者為美國、韓國與英國。

這不僅是金融結構問題，更是消費行為、心理習慣與社會價值交錯的產物。特別是在消費主義濃厚、金融教育薄弱、青年失業率高的國家，卡債危機成為一場結構性悲劇。

韓國「卡奴危機」的形成與爆發

韓國卡債問題可追溯至 1997 年亞洲金融風暴後。當時政府為刺激內需，放寬信用卡發卡條件，推動「全民持卡」

第二章　用對債，富得快：債務的風險控管與財務設計

政策。2002 年時，韓國信用卡發卡量高達 1.2 億張，幾乎每位成人平均持有五張以上信用卡。

在初期信用膨脹效應下，大量青年、中低收入戶投入高額刷卡消費與現金預借，未設償還計畫者迅速陷入債務惡性循環。2003 年爆發「卡奴潮」，根據韓國金融監督院統計，當年約有 320 萬人信用卡違約，債務總額達 40 兆韓元（約當 340 億美元）。

政府最終祭出卡債整頓方案，並收緊發卡資格，建立金融諮詢中心與信用修復制度。儘管危機緩解，但後續數據顯示，2022 年仍有超過 19% 的韓國青年族群持續累積信用卡逾期債務。

信用卡債的三大心理盲區

(1) 金錢時間錯覺：人類天生低估未來壓力，傾向將當下快樂無限放大，忽略長期償還痛苦。

(2) 最低還款錯覺：信用卡最低還款機制設計為「讓你不會違約，但永遠還不清」。利息持續滾動成為債務雪球。

(3) 社會比較心理驅動：從 SNS 生活展示到消費炫耀，導致借錢購買「不屬於自己的生活方式」。

第七節　信用卡債的全球困局：從韓國卡奴潮學戒慎消費

心理學家丹尼爾・康納曼（Daniel Kahneman）指出，消費決策多由「快思系統」主導，而負債後才進入「慢思系統」承受壓力，這一反差使得大眾在累積債務前未形成風險預警。

中國信用卡債務現象

根據人民銀行與銀聯 2023 年數據，全國信用卡應償還餘額達 9.4 兆人民幣，逾期半年未償金額超過 1,000 億人民幣，呈逐年攀升趨勢。除了傳統刷卡消費，近年來「先買後付」（BNPL）與各類線上分期平臺快速擴張，使得大批消費者在不自知中形成了高頻小額、高息長期的「隱性卡債結構」。

青年族群尤為脆弱。2022 年，中國青年（20～35 歲）信用卡與消費金融貸款的平均負債餘額達到每人約 6.5 萬元人民幣，其中有近三成有兩筆以上循環債。多數未具備有效償還計畫，僅依賴最低還款延遲壓力，形成「債息重疊、心理焦慮、信用弱化」三重效應。

此外，金融科技平臺廣告強調「秒批」、「免證明」等便利機制，降低貸款門檻，卻無對應提供消費者風險教育，使得許多年輕人誤將信用額度視為收入延伸。中國銀保監會與

■第二章　用對債，富得快：債務的風險控管與財務設計

地方政府已陸續針對平臺借貸展開監管整頓，但財商教育仍需跟進，否則卡債擴散風險仍難根除。

如何避免成為下一波卡奴？五個消費防線

(1) 設限而非靠意志力：預設每月可刷卡金額，不超過月收入 20%，超過即自動凍結。
(2) 僅用一張主卡且關閉預借現金功能：減少混亂與衝動消費機會。
(3) 每週檢視信用卡帳單 App，不等月底對帳：即時控管與情緒察覺同時進行。
(4) 將額度視為警訊而非購買力：信用額度不是你能花的錢，而是銀行預設的風險容忍邊界。
(5) 學會延遲享樂：從實體目標轉向行為獎勵，例如延後購買後的小慶祝，取代即時購物快感。

消費不是你的敵人，但債務無覺才是真危機

信用卡不是魔鬼，而是放大你決策方式的鏡子。卡債問題不來自卡片本身，而是對未來風險的不自覺。當一個社會的消費文化推崇立即滿足，卻未提供風險教育與信用自覺，每一次刷卡，都可能是

邁向卡奴狀態的一步。真正有智慧的消費者,是在「能買」與「該買」之間做出選擇的人。

■第二章　用對債，富得快：債務的風險控管與財務設計

第八節　財務失控的警訊：美國青年破產潮的三大成因

青年破產，從「偶發事件」變成「世代常態」

在過去，個人破產多被視為罕見狀況，僅在重病、失業或突發經濟危機時才會發生。然而進入 2020 年代後，美國出現一個令人警惕的現象：青年世代（18～35 歲）個人破產申請人數占比不斷上升，甚至在某些州份超過整體破產人數的 30%。

根據美國聯邦司法機構轄下的破產法院管理辦公室（Administrative Office of the U.S. Courts）2023 年度報告，全國個人破產總申請人數為 445,186 件，其中年齡在 35 歲以下者占比高達 29.7%，較 2019 年增加近 8%。這並非單一疫情後遺症，而是長期財務結構變動與青年消費行為改變所致。

第八節　財務失控的警訊：美國青年破產潮的三大成因

成因一：
學貸負擔與薪資停滯形成「收入落差斷層」

根據美國教育部轄下的聯邦學生援助辦公室（Federal Student Aid, U.S. Department of Education）統計，2023 年全美學貸總額已突破 1.78 兆美元。青年畢業後平均負債為 3.3 萬美元，而初職薪資卻在過去十年僅緩慢成長，使還款壓力持續加重。

此種「收入跟不上負債」的現象，導致許多青年畢業後即進入高度槓桿狀態，儘管具備學歷與專業能力，卻難以擁有實質財務自主，甚至需透過信用卡與消費貸彌補日常現金缺口，進一步惡化信用狀況。

成因二：過度依賴信用消費與 BNPL 擴張

在數位消費普及之下，青年族群成為信用卡、先買後付（BNPL）與各類即時消費金融產品的核心用戶。2023 年，美國青年族群使用 BNPL 支付比例超過 57%，遠高於中老年族群的 23%。

這類產品雖有利於短期彈性支付，卻也模糊了「可負擔消費」與「未來債務」的界線。當多筆小額分期重疊，還款

■第二章　用對債，富得快：債務的風險控管與財務設計

壓力變得複雜，且極易忽略總體負債規模。根據美國消費者金融保護局（Consumer Financial Protection Bureau，簡稱CFPB）調查，2022年有36％的青年BNPL用戶表示「未能按時還款」，而當還款逾期時，平臺將帳務轉至徵信體系，導致信用分數快速下滑。

成因三：缺乏金融教育與自我風險意識

即便美國中學與大學已陸續開設個人理財課程，但普及率與實務應用仍不足。根據FINRA（金融業監管局）2022年調查，高達61％的青年表示「在進入職場前，從未學過如何管理債務或制定預算」。

當金融商品複雜性不斷提升，青年族群面對信用額度、借貸選項與還款機制時，容易陷入「資訊過載但決策不明」的窘境。許多青年將信用分數視為抽象概念，直到遭遇拒貸、房東查詢信用紀錄或升學貸款困難，才驚覺風險已經發生。

第八節　財務失控的警訊：美國青年破產潮的三大成因

美國社會對破產青年的回應與制度修正

為因應青年破產潮，美國部分州份推動學生貸款寬免計畫、信用修復協助與青少年財商教育強化。例如加州與紐約推出「青年信用重建計畫」，協助 35 歲以下破產者在履行還款協議後快速恢復信用分數，並與非營利金融教育機構合作開設「債務與現金流管理工作坊」。

同時，美國聯邦教育部於 2023 年啟動學貸償還計畫改革方案，將部分聯邦學生貸款轉為收入導向型還款計畫（Income-Driven Repayment Plan，簡稱 IDR），該制度規定借款人每月還款金額原則上不超過可支配收入的 10％，有些計畫甚至降至 5％，旨在減輕財務負擔並避免青年落入債務螺旋。

破產不只是財務事件，更是警訊與轉捩點

青年破產潮揭示的不只是收入與債務失衡，更是金融教育、社會制度與消費文化失能的縮影。財務失控不等於人生失敗，重點在於是否能從破產中建立反思與重整機制，重新設計理性消費與健康槓桿邏輯。從認識風險開始，才是真正的財務成熟的起點。

■第二章 用對債,富得快:債務的風險控管與財務設計

第九節
「預貸未來」的代價與紅線

把未來的收入變成今天的現金,是福還是禍?

「預貸未來」這四個字,聽起來像是一種金融創新,但本質上是將尚未賺到的收入,透過借貸機制轉化為今日的現金流,用以滿足當下的消費、投資、教育、創業等需求。這種方式在個人財務規劃中廣泛應用,例如房貸、學貸、信用貸款、車貸等,幾乎都是「預支未來收入」的操作。

問題不在於是否預支,而在於預支的背後是否有明確的「報酬邏輯」與「風險控制」。當借貸缺乏清晰的現金流支撐與償還機制,就容易成為壓垮個人財務的起點。

個人財務中最常見的預貸模式:三大分類

- 生活型預貸:如信用卡、BNPL、消費性貸款,用來支付生活用品、旅行、電子設備等非生產性支出。

第九節 「預貸未來」的代價與紅線

- 投資型預貸：如房貸、創業貸款、進修學貸，預期可創造資產、現金流或收入能力的提升。
- 應急型預貸：如醫療支出、家庭事故、失業週轉金，雖非計畫性借貸，但常發生於資金不足時。

其中生活型與應急型若缺乏後續現金流補足，最容易演變為債務壓力的起點。

紅線一：總負債超過年可支配收入

根據 OECD 與世界銀行建議，個人負債應控制於年可支配收入的 90% 以內。若一人年收入為新臺幣 80 萬元，則貸款總額不宜超過 72 萬元。

然而，根據中國銀行 2023 年城市白領信用風險調查顯示，北上廣深等一線城市中產階層平均負債為年收入的 123%。其中以房貸、信用卡與網貸為主，顯示「預貸過量」正成為結構性風險。

■第二章　用對債，富得快：債務的風險控管與財務設計

紅線二：每月償還金額超過收入的 40%

這條紅線關乎現金流安全。若每月要將收入四成用於還款，遇上臨時支出、收入中斷、升息或通膨，就可能瞬間產生資金斷裂。

金融監理單位建議將 DSR（Debt Service Ratio）控制在 30% 以下；高收入者最多不超過 40%，以保有應變空間。若借款前未進行壓力測試（如升息 2%、失業三個月），即可能低估風險。

紅線三：負債用途無法創造未來現金流

預貸的前提應是「有價值的時間差」。若今天借 100 萬，是為了三年後創造 150 萬的收入或資產，那麼這筆債務是健康的。但若借款只是為了滿足短期欲望、支付沉沒成本（如聚餐、奢侈品、還舊債），則未來的負擔會逐步放大，卻無任何回報機制。

根據中國社科院 2023 年金融風險報告指出，近年消費金融使用者中，約有 39% 無清晰消費紀錄或理財目標，導致償債效率低下，陷入長期循環信貸陷阱。

「理性預貸」的四項檢查表

在預支未來資金時,務必通過以下四項基本檢核。這些問題不是技術細節,而是判斷債務是否健康的底層邏輯。

檢查項目	問題說明
是否能在固定期間內還清?	預設清償期不得超過 5 年,若超過則風險過高。
是否有現金流來源支撐?	無收入者不應進行中長期貸款。
是否有償還中斷備案?	包括保險、儲蓄、兼職計畫等。
是否具正報酬結構?	即借來的錢能否換來資產或能力的長期增值。

你的未來,不該變成過去的帳單

預貸未來不是錯,但預貸不該成為逃避當下壓力的藉口。健康的負債,是對未來價值的提前動員;有害的負債,則是對未來的綁架與掠奪。當你在借錢時多問自己一句:「這筆錢未來能為我帶來什麼?」,你便開始學會讓債務成為助力,而非拖累。

■第二章　用對債，富得快：債務的風險控管與財務設計

第十節　構建國際標準的個人財務風險雷達系統

理財不只要看帳戶，更要看風險預警系統

在過去，衡量財務健康的標準多半集中在存款多寡或收入高低，但在高槓桿、高通膨與不確定性時代，風險管理能力才是穩健財務的關鍵。就如同企業會設置風控部門、國家有金融穩定報告，個人財務也應建構「風險雷達系統」，以掌握潛在威脅與調整機制。

所謂「財務風險雷達系統」，指的是一套可定期評估與監控自身財務脆弱點的指標架構，能夠從債務、收入、儲蓄、保險與支出五個面向進行預警。這不僅是一個帳目檢查表，更是一種長期財務管理文化的建立與落實，代表著對未來風險的有意識防備能力。

國際指標對照下的個人風險預警項目

以下五項指標,是 OECD 與世界銀行常用於評估家庭財務壓力的核心,亦是多數財務顧問用來指導客戶風險調整的實務準則:

項目	警戒值	說明
債務償還率 DSR	＞40%	每月償還債務金額占收入比,過高即為現金流風險。
負債占資產比 D/A	＞70%	淨資產結構偏弱,資產一旦縮水易陷破產邊緣。
儲蓄覆蓋月數	＜3 個月	緊急預備金不足,無法應對突發支出。
保險支出占比	＜5%或為 0%	缺乏風險轉移機制,如醫療、失能、壽險等保障缺口大。
固定支出比率	＞60%	生活開銷占收入比過高,調整空間有限。

這些指標就如同雷達上的五個方位,一旦偏離警戒值,即代表財務風暴可能逼近。透過這些量化標準,個人可在不需專業財務顧問的情況下初步判讀自己的風險地圖。

■第二章 用對債,富得快:債務的風險控管與財務設計

案例分析:建立個人風險圖譜的實務流程

以 30 歲年收入新台幣 120 萬元的台北市上班族林先生為例,其月收入約為 10 萬元,房貸與車貸合計月繳 3.8 萬元,另有小額信用卡循環利息與消費信貸。經檢視,其人財務風險雷達如下:

個人風險指標分析

- DSR(負債償還率):3.8 萬 ÷10 萬 ≈ 38%,接近金融機構核貸警戒值(約 40%),顯示現金流使用已趨飽和。
- D/A(負債資產比):總負債約 240 萬元,總資產 280 萬元,負債資產比 ≈ 85.7%,明顯高於建議值(50% 以下),顯示資產槓桿過重,風險集中。
- 儲蓄覆蓋率:現金部位僅足以支應約 1.5 個月生活費,遠低於常見建議(3～6 個月),缺乏基本緊急預備金。
- 保險保障結構:僅有勞保與意外險,未涵蓋壽險與重大傷病險,風險轉嫁結構薄弱,一旦遭遇重大醫療或家庭責任風險,自負額高。
- 固定支出比率:生活支出與各項貸款支出合計約 6.6 萬,占月收入 66%,彈性極低,面對物價波動或利率上升時抗壓力不足。

第十節　構建國際標準的個人財務風險雷達系統

建議調整方向

- 優先清償信用卡與消費信貸，避免高利率侵蝕現金流；
- 可評估房貸與車貸重新分期或延長年限，降低每月壓力；
- 建立至少 6 個月的緊急預備金，存放於高流動性帳戶或定期存款；
- 強化保險配置，補足壽險與重大傷病險保障，轉嫁潛在重大財務風險；
- 建立「生活預算彈性比例制度」（例如固定支出不超過收入 50%），定期檢視並調整開支結構。

建構個人風險雷達的五步驟

(1) 財務數據盤點：將過去三至六個月所有現金流、債務結構、保單內容、定期支出完整整理成表，這是所有風險檢查的起點。

(2) 指標計算與比對：依照國際建議指標，計算 DSR、D/A、儲蓄覆蓋月數等數據，並標示是否落入警戒範圍。

(3) 標示預警項目：可使用紅、黃、綠三色編碼，建立個人財務風險地圖，清晰視覺化風險分布。

■第二章　用對債，富得快：債務的風險控管與財務設計

(4) 設定緊急調整計畫：針對每一項弱點設立具體行動計畫與時間表，例如「六個月內減少信用卡餘額 50%」。
(5) 建立年度回顧制度：每年生日或年終固定檢討一次風險雷達變化，並根據人生階段（結婚、生子、轉職）進行再調整。

這五步驟不僅建立數據紀律，也養成風險管理思維，將財務操作從短期收支提升為中長期穩定系統。

有預警系統的財務人生，更穩、更自由

風險不代表你財務能力差，而是你是否具備提前察覺與調整的智慧。建立個人財務風險雷達系統，不只是一種財務技能，更是一種生活的成熟態度。就像汽車儀表板上的紅燈會提醒駕駛人及早減速維修，我們的財務也需要這樣的雷達。

當你不再只關注收入與支出，而是關注風險與韌性，你會發現財務不只是用來養生活，而是保護選擇權、維持尊嚴與面對突變時保持從容的底氣。真正的財務自由，不只是賺更多，而是更穩、更可控。

第三章
創造資產，用借來的錢：全球創業與投資型負債案例

第三章　創造資產，用借來的錢：全球創業與投資型負債案例

第一節　正確負債創造現金流：美國不動產投資人布蘭登‧特納的模式

借錢不是風險，而是資產設計的起點

在許多人的財務思維裡，借錢等同風險，是不得已的手段；但對成功的資產創造者而言，負債是進場的門票，是槓桿收益的起點。美國知名不動產投資人布蘭登‧特納（Brandon Turner），就是透過負債創造正向現金流、一步步從資源匱乏走向財務自由的代表人物。

他曾在自述中表示：「我買下的第一間房不是為了住，而是為了讓它替我繳貸款，還能幫我賺錢。」這種邏輯顛覆了傳統「無債一身輕」的觀念，也揭示出負債在現金流導向投資策略中的核心角色。

第一節　正確負債創造現金流：美國不動產投資人布蘭登·特納的模式

布蘭登・特納的「現金流房產策略」架構

布蘭登的核心策略不在於短期轉手，而是聚焦於每月穩定創造現金流的租賃型資產。他的投資邏輯主要分為三個階段：

1. 尋找正現金流地產

僅投資在購置後扣除貸款、稅金、維護費用後仍可產生正現金流的物件，這一原則過濾掉絕大多數市場上僅有資本利得潛力但無月現金流的房產。

2. 高槓桿低利借貸

透過銀行貸款或私人貸方融資，將自有資金壓到最低，放大投資效率。如一棟 20 萬美元的房產，僅投入 4 萬自備款，其餘由貸款支應，並以月租金 1,800 美元覆蓋月供與維護成本後仍有 200 ～ 300 美元現金流。

3. 再投資循環策略（BRRRR 模型）

Buy（購買）— Rehab（整修）— Rent（出租）— Refinance（再融資）— Repeat（重複）。藉由提升房產價值並重新估值融資，再將資金釋出投資下一筆物件，形成槓桿滾雪球。

第三章　創造資產，用借來的錢：全球創業與投資型負債案例

案例：從一棟房開始的財務自由之路

2007 年，年僅 24 歲的布蘭登購得第一棟小型雙拼房屋。他住在其中一間，將另一間出租。租金每月 600 美元，足以覆蓋大部分貸款。他的生活成本大幅降低，第一筆現金流資產也隨之產生。

隨後三年內，他持續運用 BRRRR 模型，靠著提升資產估值與再融資，累積了六棟房產，月現金流突破 5,000 美元。這不僅讓他脫離朝九晚五的上班生活，更重要的是，他不再為金錢工作，而是讓資產為他工作。

這個轉折點證明：「負債」若與「資產生息能力」連繫，就能成為正向循環的引擎。

理解「現金流為王」的槓桿設計原則

布蘭登・特納的負債策略建構在三項核心財務原則上：

- 借來的錢要創造收入：所有貸款皆必須指向可穩定產生收入的資產，否則就是加倍放大風險。
- 控制現金流而非預測市場：預測房價上漲不如確保月現金流為正，風險可控，操作穩健。

◆ 設置現金流安全邊界：即使租金減少10%、利率上升1%、房屋出現空窗期，仍能維持最低正現金流，不致陷入資金斷裂。

這種策略與許多只看估值升值或高槓桿搏資本利得的短線思維形成鮮明對比。

負債創造資產的應用啟發

布蘭登的經驗並非僅適用於美國，也可為全球創業者與一般人提供啟發：

◆ 自營業者可將設備貸款與空間租賃視為「可創現金流的負債」，而非成本；
◆ 創業者若能用營收推算還款模型，即可合理承擔前期貸款；
◆ 一般家庭亦可評估將自用不動產部分出租或活化空間資源，提升資產現金流。

■第三章　創造資產，用借來的錢：全球創業與投資型負債案例

債務不是負擔，是被設計過的現金機器

布蘭登・特納的故事揭示：債務不是財務自由的絆腳石，而是通往自由的加速器。關鍵在於你是否懂得讓債務與資產「互利共生」，而非相互消耗。只要負債能創造穩定的現金流，你的每一筆借來的錢，都將成為讓你更快擁有未來的推進力。

第二節　借錢創業不是罪：歐洲青年創業貸款制度實務

創業從來不是靠錢多，而是資金配置夠準

在全球創業潮中，「借錢創業」被部分文化視為高風險行為，甚至帶有「失敗預設」的社會汙名。但在歐洲，尤其是德國、法國、荷蘭與北歐國家，青年創業反而傾向以理性槓桿啟動企業，並善用國家或歐盟提供的創業貸款資源，減少股權稀釋並維持長期營運彈性。

根據歐洲投資基金（EIF, 2023）報告，2022 年歐盟境內有超過 11.8 萬筆青年創業貸款核發，其中近七成屬於「非抵押型微額創業貸款」（Microcredit for Startups），平均金額為 2 萬至 5 萬歐元，用於工作室租金、設備添購、數位行銷與初期人力等支出。這些貸款方案不僅流程簡化，也常搭配教育資源與創業培訓課程，使申請者同時獲得資金與能力的雙重加值。

第三章　創造資產，用借來的錢：全球創業與投資型負債案例

青年創業融資制度：以法國為例

　　法國政府透過「BPI France」（法國公共投資銀行）提供青年創業專案貸款，結合無息創業基金、保證型貸款與創投媒合三大系統，形成一套完善的早期創業資金支持架構。

　　具體流程如下：

(1) 提交創業計畫書：申請人須提出財務預測、營運模式、顧客輪廓與市場分析。

(2) BPI 審查與配對機構：若創業專案被評估具潛力，將配對地方創業支援中心（如 Chambre de Commerce）與合作銀行進行多方初審。

(3) 核發創業基金與貸款：通常包含無息創業啟動基金 1 萬至 3 萬歐元，加上最多 5 萬歐元低利貸款，有時另搭配政府提供的還款保證。

(4) 創業後追蹤輔導：借款人需每季回報營運情況，接受專業財務諮詢與客戶發展指導。

　　據統計，這類貸款制度的創業者存活率高於民間貸款型創業者 20% 以上，顯示制度性支持對早期企業風險管理極為關鍵。

德國：「Exist」計畫與大學創業孵化鏈

德國聯邦經濟部與教育部合作推動「Exist」創業支持計畫，專門針對應屆畢業生與青年研究者，協助他們將研究成果轉化為商業計畫，創造學術技術與產業接軌的橋梁。

「Exist」提供以下三大資源：

◆ 每人每月最高 3,000 歐元的生活津貼，持續 12 個月，幫助創業者無後顧之憂地專注初期營運；
◆ 補助最高 15 萬歐元的創業種子資金（無需償還），涵蓋研發、原型製作與初步推廣費用；
◆ **專屬創業顧問協助企業登記、公司結構設計、稅務規劃與募資對接等**，建立起一個完整創業流程的支持系統。

案例如慕尼黑理工大學學生開發的機器人教育平臺 Roboversity，便成功利用 Exist 補助完成商業模型開發並進入國內 20 多所學校使用。

第三章　創造資產，用借來的錢：全球創業與投資型負債案例

負債創業的正向迴路：
用借來的錢保留未來主導權

許多歐洲青年創業者選擇貸款而非天使投資或創投引資，原因不在於風險較低，而是希望保留股權、延後稀釋、將公司方向掌控權留在創辦團隊手中。

這種「延遲引資」策略的優勢如下：

◆ 初期以貸款撐起商業基礎，培養營收能力與市場證明，提高公司估值與談判籌碼；
◆ 二輪資金進入時，條件更有利於創業者，不僅保留股份，也保有發言權與文化控制；
◆ 無需應對投資人即時報酬壓力，能更專注於產品打磨與核心客戶發展。

這正是歐洲創業文化中的一項核心價值 —— 將財務槓桿視為成長助力，而非投機工具，將負債視為資源投資，而非風險標籤。

第二節　借錢創業不是罪：歐洲青年創業貸款制度實務

中國青年創業者的可借鏡之處

中國政府近年亦推動多項青年創業貸款政策，如「高校畢業生創業擔保貸款」、小微企業創業補貼與創業場地減免租金等。然而現行制度仍以地方試點為主，資金來源與貸款審查標準不一，創業者常面臨貸不到、額度低、流程冗長、無輔導配套等挑戰。

若參考歐洲模式，未來可發展以下機制：

◆ 設立專屬創業銀行或政策性貸款平臺，專注青年創業與初期營運貸款；
◆ 建立跨部門協作平臺，如大學育成中心、地區政府、創業投資基金三方聯審與跟進輔導；
◆ 將貸款結合創業培訓、財務管理工具與市場拓展資源，打造創業從「能貸」到「能活」的成長鏈；
◆ 鼓勵創業者參與區域內創業競賽與資源媒合日（Demo Day），提升曝光與早期市場驗證機會。

借錢不是罪，是策略性的資源管理

真正有遠見的創業者，不會拒絕負債，而是懂得用負債換成槓桿、換成產品、換成營收能力。歐洲青

■第三章　創造資產，用借來的錢：全球創業與投資型負債案例

> 年創業貸款制度說明了一件事：借錢不是窮人選擇，而是聰明人的時間策略。當你用一筆貸款買到一年時間、一支團隊、一場測試、一張產品市場適應證明書（PMF），你已經贏過那群只靠熱血和擲骰子上場的人。借貸不等於失控，而是一種理性的成長推進技術。

第三節　Airbnb 與 WeWork 早期融資解密：從債務槓桿走向估值飛躍

第三節
Airbnb 與 WeWork 早期融資解密：
從債務槓桿走向估值飛躍

初創企業不只靠投資，更靠策略性的借貸規劃

在現代創業環境中，許多人將創業與風險投資畫上等號，但事實上，許多獨角獸企業的早期資金來源並不單靠股權募資，而是透過結構性的債務融資設計，實現營運穩定、擴張加速與估值翻升的目標。

Airbnb 與 WeWork，兩個分別代表短租經濟與共享辦公的創新品牌，在其創業早期皆透過債務槓桿建立營收模型，再搭配股權融資逐步推升估值，成為融資與現金流管理整合的經典範例。

Airbnb 的早期槓桿策略：從信用卡到機構貸款

Airbnb 創辦於 2008 年，創辦人布萊恩‧切斯基（Brian Chesky）與喬‧傑比亞（Joe Gebbia）最初使用自己的信用卡

■第三章　創造資產，用借來的錢：全球創業與投資型負債案例

借款買氣墊床，在舊金山出租客廳應付房租，並藉由設計總統主題早餐（Obama O's 與 Cap'n McCain's）銷售商品來支付初期營運支出。

但真正讓 Airbnb 從草根走向全球的關鍵，在於他們不依賴風險資本早早稀釋股權，而是優先建立穩定租客與房東端現金流，再向矽谷銀行（SVB）申請早期營運貸款，並與支付平臺合作提供租金保證機制，將「平臺上的流動性」變成借貸條件中的資產保障工具。

這種「用現金流證明信用、用信用撬動資金」的路徑，使他們在未來 A 輪估值中獲得更高溢價空間，也奠定了後續與創投談判的主導地位。

WeWork 的超級槓桿模型：
快速擴張與風險壓力並行

WeWork 則採取截然不同但同樣以槓桿為核心的成長模型。創辦人亞當‧紐曼（Adam Neumann）在 2010 年創立 WeWork 後，迅速以低成本承租商業空間再高價出租、同時進行裝潢升級與會員制度建立。這種模式本質上是「長租短租」結構，即企業先負債簽下多年租約，再將空間短期分租給創業者、自由工作者與中小企業。

為了快速複製這一商業模型，WeWork 大量借入資金，透過銀行貸款、租賃保證金擴大場地，在未獲利前就建立大規模營收體系。據 2018 年財報，WeWork 負債總額達 180 億美元，但估值卻一度突破 470 億美元，顯示其「以債撐規模、以規模撐估值」策略的高槓桿效應。

雖然後續因管理問題與估值泡沫導致 IPO 失利，但其早期槓桿策略仍成為眾多空間與資產型創業企業模仿對象。

融資策略的核心思維：資金結構≠股權結構

這兩個案例強調了一個觀念：資金結構的設計，與股權結構的設計並非一體。聰明的創業者會善用負債工具優先啟動商業機制，再以股權對接風險投資，形成「現金流先行、估值後至」的成長曲線。

這種策略的核心條件包括：

◆ 有可測試的營收來源與回款週期；
◆ 可抵押或用來說服銀行的資產結構（如租金保證、訂單協議、設備等）；
◆ 流動性儲備與彈性還款條件談判能力。

■第三章　創造資產,用借來的錢:全球創業與投資型負債案例

換言之,借錢不只是權宜之計,而是一種策略選擇,能在創業早期換取時間、空間與議價能力。

啟示:現金流先行,估值才有故事

Airbnb 與 WeWork 的例子說明,成功的創業者不是一開始就「融到大錢」,而是先用小額、槓桿型資金測試營運模型,再用數據與規模換取更好的融資條件。這種策略有助於避免過早稀釋股權,也減少對單一資本來源的依賴。

對於新興市場的創業者來說,這些案例也提供一項反思:過度依賴天使投資或家族資金,反而可能讓創業計畫缺乏財務紀律。唯有真正掌握資金結構、明確控制現金流與還款節奏,才能在負債與成長之間找到最佳平衡點。

第四節
初創企業如何向銀行成功融資？
以新加坡創投圈為例

初創企業不是借不到錢，而是得懂得怎麼借

在許多創業者的預設中，「銀行不給新創企業貸款」幾乎成為共識，因為初創企業常面臨無擔保、無穩定現金流、財報薄弱等典型高風險特徵。然而，新加坡的初創金融生態系卻提供一個不同的答案：透過政策性擔保、分級風險設計與銀行內部創投部門的合作，新創企業不只能融到錢，還能用最小的風險啟動成長引擎。

新加坡的三軌創業融資體系

新加坡政府、銀行與創投三方構成一個具高度協作性的創業融資系統，可概略分為三個軌道：

■第三章　創造資產,用借來的錢:全球創業與投資型負債案例

1. 政策性貸款計畫（如 Startup SG Loan）

由新加坡企業發展局（Enterprise Singapore）主導,對符合資格的新創企業提供政府擔保最高達 90% 的營運貸款,金額從 5 萬至 30 萬新幣不等。

2. 銀行創新融資部門（如 UOB JUMPSTART）

部分商業銀行設有專責初創企業的部門,評估依據不完全為傳統財報,而包括創業團隊履歷、市場驗證與現金流預測模型。

3. 創投與銀行共同授信機制

創業公司若已獲知名創投投資,銀行可根據此信號降低審查標準,並提供額外信用額度,達成所謂「帶投授信」。

案例分析:
新加坡物流新創 Ninja Van 的融資路徑

Ninja Van（能者物流）成立於 2014 年,是東南亞最成功的智慧物流平臺之一。初期雖無傳統資產與獲利紀錄,但透過以下策略成功取得銀行融資:

- 第一階段：獲得 Enterprise Singapore 創業貸款 30 萬新幣作為早期倉儲與配送系統布建資金。
- 第二階段：與 UOB 銀行合作開設信用貸款額度，將 B2B 訂單作為擔保資產，取得短期流動資金支持。
- 第三階段：獲得 Monk's Hill Ventures 與 Facebook 共同創辦人 Eduardo Saverin 創投基金支持，銀行進一步開放中期設備融資，協助建置區域物流中心。

至今，Ninja Van 已拓展至 6 國、服務超過 100 萬家商戶，並在多輪融資中維持高估值與較低負債比率，堪稱新創企業融資結構管理的典範。

向銀行成功融資的五項實務策略

(1) 先做現金流預測表，而非寫一份空泛的商業計畫書：銀行重視能不能還錢，不是夢想故事，而是數據與現金進出邏輯。

(2) 建立視覺化營運指標報表：如 CAC（獲客成本）、LTV（顧客終身價值）、毛利率等，呈現企業成長潛力與穩健度。

(3) 善用政策工具作為風險抵押：瞭解政府擔保計畫與稅務補貼，如 Startup SG、EDB 科技研發補助計畫。

(4) 將 B2B 訂單或合約列為授信資產：與大型合作企業簽訂的長期訂單可作為「未來現金流抵押品」，降低授信風險。
(5) 維護專業信用評等與銀行關係：初創企業應與銀行建立信用歷史，哪怕從簡單的商業帳戶與小額借貸做起。

> **銀行不怕新創，只怕不清楚風險的創業者**
>
> 新加坡模式證明，銀行不是拒絕創業，而是拒絕模糊的財務預測與幻想式規劃。若創業者能夠以實證精神規劃現金流、掌握政策工具並建立信用資料，就能讓銀行成為第一個支持者，而非最後一個補位者。在當今講求永續與現金流效率的市場裡，會借錢的不只是企業家，更是資源組合的設計師。

第五節　與投資人共舞：天使投資與槓桿協商策略

投資不是錢的交換，而是控制權與風險的對弈

在創業融資中，天使投資人往往是初創公司最早接觸的外部資金來源。這些投資人不僅提供資金，也可能帶來資源、人脈與商業建議。但他們同時也是第一批擁有公司影響力的非創辦人，故每一筆投資背後，都隱含著關於股權稀釋、負債槓桿與控制權分配的博弈。

成功的創業者不是誰錢多就跟誰，而是懂得選擇對的資金結構與協商時機，讓投資成為成長加速器，而不是未來治理風暴的導火線。

天使投資的典型輪廓：金錢之外的價值

根據歐洲創業協會與美國 Angel Capital Association 統計，平均天使投資金額介於 10 萬至 50 萬美元之間，主要用於產品開發、團隊擴編與初期市場推廣。投資人類型可分為三類：

◆ 產業型天使：具特定領域專業背景，常為上市公司高層或創業者，關注產品與商業模型細節。
◆ 資本型天使：以財務回報為主，常參與多家初創企業投資組合。
◆ 策略型天使：關注與自有資產或企業協同效益，未來可能成為併購方。

這三類天使投資人，所期待的合作形式、決策參與程度與退出機制皆不同，創業者須先釐清「對方為何投資」才能談好條件。

協商時的槓桿原則：三個關鍵對稱

1. 資訊對稱

創業者若僅有創意與熱情，將在估值與股權談判中處於弱勢。準備詳盡的單位經濟模型（unit economics）、CAC/LTV 分析與可驗證客戶名單，是建立信任的基礎。

2. 風險對稱

談判應明確風險責任歸屬，例如設定轉換債（Convertible Note）條款、引入 SAFE（Simple Agreement for Future Equity）等，避免未獲利階段即陷股權僵局。

3. 控制權對稱

即便天使投資僅占少數股權,也可能透過董事席次或特別決議權實質影響決策。創業者應於初期設定好創辦人協議與投資人參與範圍。

案例:
印尼教育科技公司 Ruangguru 的投資協商模型

Ruangguru 創立初期便獲得來自新加坡 Golden Gate Ventures 的天使輪資金,初期估值僅 300 萬美元。創辦人設定投資結構如下:

- 引入 SAFE 協議,延遲股權稀釋至未來定價輪;
- 設定創辦人雙簽保護條款,董事會重大決策需雙創辦人同意;
- 投資款分期支付,依里程碑達成進度發放。

透過此模式,團隊成功於一年內達成 100 萬註冊用戶,並於下一輪獲得超過 2,000 萬美元投資,估值成長逾七倍。

■第三章 創造資產，用借來的錢：全球創業與投資型負債案例

天使資金是跳板，不是主導者

創業初期若能善用天使投資，的確能快速啟動產品、市場與品牌。但唯有創業者堅守財務紀律、掌控協商邏輯與規劃退出機制，才能讓資本成為助力，而非牽制力。天使投資，不是創業者的救命索，而是一種必須在對等理解下達成的共識關係。

第六節　日本職人品牌如何透過地區信用組合展開生產貸款

地區金融，不只是金錢的來源，更是文化的後盾

在日本，有一種深具地方色彩且歷史悠久的創業與融資模式——職人創業者與地區信用組合（信用金庫、信用組合）形成長期穩定且互信的合作關係。這些地方性金融機構不僅提供資金，更主動參與產品開發、品牌塑造、通路媒合與行銷推廣，成為傳統產業與地方經濟得以持續發展的重要支柱。

不同於大型商業銀行過度依賴信用評分與擔保品，信用組合強調「關係金融」與「社區共識」。他們相信：真正值得支持的創業者，並不總是擁有完美報表，而是那些深植地方、擁有傳承使命與長期眼光的文化型創業家。

第三章　創造資產，用借來的錢：全球創業與投資型負債案例

信用組合的特色與深層機制

日本全國約有超過 250 家地區信用組合與金庫，這些機構以地域為基礎，緊密連結社區文化、產業與民生所需，其營運機制呈現以下五大特色：

(1) 地區密著型運作：僅服務特定區域內的居民與企業，了解在地經濟特性與傳統產業生態。

(2) 人本導向的審核流程：重視經營者的理念、承諾與社區參與度，而非僅以資產負債表評價風險。

(3) 多元協同貸款模式：可與地方政府、商工會、農協、觀光協會等建立協議，組成「資金＋網絡＋政策」三位一體的支持系統。

(4) 文化與創業連動補助搭配：許多信用組合貸款案可與地方文化復興、少子化對策、女性創業促進等政策補助互相搭配，降低借款門檻與成本。

(5) 後續陪伴式金融支援：貸款後不僅定期追蹤營運，還提供行銷資源、媒體曝光、異業聯盟推廣介紹等多種增值服務。

第六節　日本職人品牌如何透過地區信用組合展開生產貸款

案例延伸：
京都「西陣織」職人品牌的現代再生之路

　　京都的「西陣織」擁有超過千年歷史，是日本極具代表性的傳統絲織工藝之一，卻在現代生活型態轉變下逐漸沒落。2018 年，一位 30 多歲的職人後代決定重啟家族作坊，企圖結合西陣織技法與當代時尚，打開新一代消費者市場。

　　他向「京都中央信用金庫」提出申請，希望貸款 800 萬日圓整建舊式機具並建置電子商務平臺。儘管其年收入尚無法覆蓋借款金額，信用金庫職員仍親赴現場觀察織布流程、訪談社區鄰里與合作職人，在確認創業者誠意與技藝可行性後決定核貸。

　　此案並非單一授信而已。金庫更主動協調京都市觀光協會與兩家在地百貨品牌，安排品牌進行實體快閃店試水溫。同時也協助申請京都市文化創生補助，替貸款附加利率減免與行銷費用折抵條件。兩年內，該品牌已進軍東京、大阪，並與歐洲設計師跨國合作開發限定絲巾與圍巾，成功躍升為文化選品通路的熱門目標。

　　這個案例說明，信用組合不僅借錢，還主動為創業者開路，是全方位扶持平臺的最佳展現。

■第三章　創造資產，用借來的錢：全球創業與投資型負債案例

日本地區金融對地方創業的六大貢獻

(1) 提供非財務性的創業輔導：包括創業計畫撰寫、數位轉型建議、會計稅務制度建立、法規諮詢等實用支持。

(2) 搭建金融與文化的橋梁：以「文化附加價值」為重要審核因子，讓傳統產業有機會被量化理解與認可。

(3) 促進世代傳承與再創事業：針對家族二代或三代職人設有專案融資與接班人訓練，延續地方產業生命。

(4) 催生社區微型企業聯盟：透過群貸機制鼓勵複數職人或創業家共同借貸、共同行銷，壓低成本與擴大市場影響力。

(5) 建立在地產業資料庫與生態地圖：信用組合具備在地產業大數據，能快速媒合供應鏈夥伴與市場通路。

(6) 長期陪跑制度化：不僅提供資金，還持續每季回訪、提供培訓、導入新商模，讓創業者不會「一貸了之」。

職人的融資，不是量化的勝負，而是信任的累積

日本地區信用組合的存在，讓創業這件事回歸本質——不是一場單純的資金遊戲，而是一個長期耕耘的社會與文化工程。對於那些選擇用工藝、故

事與地方使命來經營品牌的創業者而言,最好的資金來源從不是風險最低的貸款,而是來自真正相信你、願意和你一起走的人。

一筆從信用組合而來的貸款,不只是錢,它代表社區對你的信任投票。它給的不僅是利率,更是一雙看見你價值的眼睛,一段會在你跌倒時伸出手的關係,以及一條讓你與地方產業共生共榮的未來路徑。

■第三章　創造資產，用借來的錢：全球創業與投資型負債案例

第七節　用企業信用替自己借錢：英國「公司擔保人」制度剖析

企業主不只能靠個人信用，還能動用法人架構借錢

對於許多創業者而言，資金取得的最大門檻不是營運本身，而是「信用」—— 尤其是當創業者尚未累積穩定的個人資產與收入歷史時。然而在英國，一種特殊的企業金融制度「公司擔保人制度」（Company Guarantee Lending System），使創業者能運用企業本身的信用與法人結構，替自己或相關個人用途取得合法且效率高的融資，既保障個人資產，又強化公司財務靈活度。

這項制度的設計理念，是以法人為主體，將負債與風險隔離在公司帳戶之中，並透過公司名義替個人、董事或合作對象提供擔保型貸款。其法律架構基於英國《公司法 2006》（Companies Act 2006）與《擔保法》（Guarantee Act），並受到 FCA（金融行為監理局）監管。

第七節　用企業信用替自己借錢:英國「公司擔保人」制度剖析

公司擔保人制度的運作機制

制度運作通常涉及以下要素:

◆ 法人為借款擔保:公司以法人資格對董事或指定人提供擔保,允許其以公司信用取得個人融資,例如創辦人購買辦公空間、自用設備、甚至短期週轉金。
◆ 融資責任限定於法人資產:若借款人違約,責任僅限於公司信用額度與資產,不影響個人其他財產。
◆ 須經公司章程核可:公司董事會需通過特定決議並修訂章程,明確規範擔保用途與條件。
◆ 利率與條件具彈性:銀行根據公司信用評等、現金流與稅務紀錄評估風險,利率通常優於個人無抵押貸款。

實務案例:倫敦設計事務所的空間融資

2021 年,倫敦一家新興室內設計事務所的創辦人,由於個人信用評分不足,難以直接取得長期商業空間貸款,遂在律師協助下,經由董事會決議修改公司章程,由公司出面擔保其申請的 20 萬英鎊中期貸款。資金主要用於承租一層共享辦公空間並添購裝潢與營運設備。

■第三章　創造資產，用借來的錢：全球創業與投資型負債案例

　　此筆貸款為五年期、年利率 3.2％的企業信用貸款，利率明顯優於市面上個人貸款方案，並允許以公司營收分期清償。三年內，該公司成功拓展團隊至 15 人，並透過第二筆公司擔保融資，在倫敦東區開設新據點。此案例展現了中小型設計公司在信用條件不足時，善用公司法人信用與制度靈活性，以達成成長與資本部署的策略目的。

企業信用運用的三大優勢

(1) 隔離個人風險：可避免創業者以個人財產為借款擔保，降低破產或糾紛時對家庭影響。

(2) 提升公司資本靈活度：透過公司名義取得多樣性金融產品，有助於優化現金流與支出規劃。

(3) 建立法人信用評等：持續使用公司進行融資並準時還款，可為未來大型專案或併購鋪路。

讓法人變成你的財務副駕駛

英國的公司擔保制度提供一個重要觀念轉換：公司不是僅用來開發產品與接案，更是一個可供運用的法律與財務工具。懂得讓法人為你提供資金、分擔風險，是企業主進化為財務策略家的起點。特別對

第七節　用企業信用替自己借錢：英國「公司擔保人」制度剖析

> 亞洲創業者來說，若能借鑑英國制度精神，將公司視為金融主體而非稅務登記單位，將大幅提升資金運用效率與長期抗風險能力。

■第三章　創造資產，用借來的錢：全球創業與投資型負債案例

第八節
中東與非洲的新興貸款平臺：
資源匱乏下的智慧財務配置

金融科技不是奢侈品，而是必要的基礎設施

在資源有限、信用體系尚未普及的地區，借錢創業與資本擴張並非依賴傳統銀行，而是依賴創新性的金融科技平臺（Fintech Lending Platforms）。中東與非洲地區在過去十年快速興起一批數位借貸平臺，它們不靠硬抵押、不靠傳統徵信，而是透過行為數據、社群信任與數位支付紀錄來建立貸款模型，重塑了「誰能借錢、借多少錢、怎麼還錢」的規則。

根據世界銀行 IFC 資料，非洲地區正式金融體系覆蓋率在 2023 年仍低於 30%，但手機與行動錢包滲透率超過75%。這種資源落差為金融科技提供進入空間，也讓借貸成為一種數位化、社會化的新型經濟行為。

第八節　中東與非洲的新興貸款平臺：資源匱乏下的智慧財務配置

案例一：奈及利亞的 Paylater（Carbon）

Carbon 原名 Paylater，是奈及利亞最早推行全數位信貸服務的平臺之一。使用者只需透過手機 App 註冊、上傳工作資訊與手機號碼，即可申請不需抵押的小額貸款，最快幾分鐘內放款，並可分期歸還。

其風控模型透過用戶手機行為（通話紀錄、App 下載、支付頻率）與手機錢包交易紀錄計算信用分數。對於無信用卡、無徵信資料的用戶來說，這是首度可取得正式融資的管道。

截至 2023 年底，Carbon 已發出逾 60 萬筆貸款，平均金額 200 美元，違約率維持在 5% 以下，顯示其風控結構有效。

案例二：肯亞的 Tala 與 M-Pesa 生態鏈

肯亞的 Tala 是一家專注於提供低收入戶信貸的手機平臺，用戶只需提供手機號碼與簡單身分證明，即可獲得等值 30～500 美元的小額貸款。這筆貸款將直接進入使用者的 M-Pesa 行動錢包中，無需任何實體銀行帳戶。

M-Pesa 原是電信公司 Safaricom 推出的行動支付工具，

■第三章　創造資產，用借來的錢：全球創業與投資型負債案例

已逐漸成為肯亞的準貨幣單位，廣泛應用於買菜、繳稅、儲值、借貸與商業交易。Tala 正是鑲嵌在此金融生態之中，以平臺信任為基礎進行放貸。

Tala 的另一創新之處在於「社區連保制度」，部分貸款產品需至少三位好友擔任擔保人，形成基於社群信任的金融擔保網絡，有效降低道德風險與催收成本。

中東轉型：從微貸到青年創業支持

在中東，JORDAN Ahli Bank 與沙烏地阿拉伯的 STC Pay 亦逐步整合數位借貸模組，用以扶持青年創業與婦女商業活動。這些平臺多半與聯合國開發計劃署、伊斯蘭發展銀行合作推行創業貸款包，金額雖不大，但申請流程大幅簡化，讓弱勢族群首次可獲正式財務支持。

例如在約旦的 Ahli FinTech Hub 中，青年創業者可結合金融教育、貸款工具與導師制度進行三階段融資：啟動資金（300 美元）、擴張貸款（2,000 美元）、成長型股權轉換貸款（最高 5,000 美元）。這種模組已成功培養出多家在地數位商務平臺與社會企業。

第八節　中東與非洲的新興貸款平臺：資源匱乏下的智慧財務配置

智慧財務的啟示：不是借最多，而是借對方法

中東與非洲的這些案例顯示，即便在金融服務最不足的地區，創新仍然可以讓資金流動起來。其核心邏輯有三：

- 去中心化信用建構：以行為數據與社群網絡取代傳統徵信，打破門檻。
- 低額、短期、快速循環：降低單筆貸款風險，加快現金流週轉速度。
- 嵌入式金融思維：借貸不作為獨立產品，而是嵌入在支付、生意、教育、社區之中，與日常經濟融合。

金融不是建在資本上，而是建在關係與數據之上

中東與非洲的新興貸款平臺證明，借錢這件事並不需要高樓大廈與嚴苛抵押條件，而需要了解當地的生活脈絡與資源條件。當一筆貸款可以從行動電話與朋友關係出發，它不僅是財務操作，更是社會信任的延伸。對於金融尚未普及的地區來說，創新不是選項，而是生存的基本條件。

■第三章　創造資產，用借來的錢：全球創業與投資型負債案例

第九節　開發中國家的女性微型創業貸款成功模式

小額貸款，大筆改變：女性借貸的乘數效果

在許多開發中國家中，女性經常處於經濟參與的邊緣地位，無土地、無抵押、無信用紀錄，難以從傳統銀行體系中取得資金。然而，全球發展研究指出，女性借貸者往往比男性更具有償還紀律，且將大部分收入投入家庭、教育與社區中，形成「財務乘數效益」。

因此，以女性為對象的微型貸款（Microfinance for Women）成為開發中國家扶貧、促進在地創業與提升社會穩定的重要工具。這些貸款不僅是經濟槓桿，更是一種社會改變策略。

孟加拉：從格拉明銀行到鄉村銀行

由諾貝爾和平獎得主尤努斯（Muhammad Yunus）創辦的格拉明銀行（Grameen Bank），是全球女性微型貸款的鼻

祖。其運作邏輯為：

◆ 貸款不需抵押：信任基礎來自社區與女性群體。
◆ 聯保制度：每 5 名女性組成一組，互為擔保人，彼此監督還款。
◆ 週期性小額放貸：初次金額僅約 100 美元，還清後可再升級貸款額度。
◆ 強調償還教育與社群會議：每週開會，不只是談錢，更談健康、教育與生活改善。

截至 2022 年底，格拉明銀行已服務逾 900 萬戶女性戶主，平均還款率超過 97％，並催生數以千計的手工藝、農產加工與街邊餐飲企業。

菲律賓：CARD 銀行與「女戶主信貸鏈」

在東南亞，菲律賓的 CARD（Center for Agriculture and Rural Development）銀行以女性為主體建立微型創業金融體系，結合信貸、保險與社會企業孵化。

其創新模式包括：

第三章　創造資產，用借來的錢：全球創業與投資型負債案例

- ◆ 信用循環成長制度：女性戶主初次可借 2,000 披索，後隨著還款紀錄與業績成長，逐步提升至 2 萬至 5 萬披索。
- ◆ 社區集會＋產品展示日：固定集會不僅還款，也進行產品展售、技能分享與健康宣導。
- ◆ 女性財務教練制度：訓練資深女性戶主成為社區教練，提升金融素養與創業指導能力。

CARD 模式截至 2023 年累計放貸超過 10 億美元，服務超過 700 萬名女性借款者，並成功協助創立逾 20 萬家微型企業，其中包含手工包裝、家庭食堂、縫紉作坊等。

微型借貸的成功要素與風險控制

(1) 社群互信機制：借款人彼此認識，互擔信任，比形式保證更有效。

(2) 週期短、金額小、利率穩定：不造成長期壓力，還款具可預期性。

(3) 資金用途明確且接地氣：如製作醃菜、修補衣物、補習教室、簡易農具租借等，皆有即時現金流。

(4) 女性專屬培訓與陪伴制度：將財務知識、家庭協調與自信培力一併注入貸款流程中。

第九節　開發中國家的女性微型創業貸款成功模式

當貸款成為女性的第一份資產與身分認同

在許多開發中地區，一筆小額貸款對女性而言不僅是錢，更是自我能力的肯定、社會角色的重建與家庭地位的提升。當她能說：「這是我經營的生意」、「這是我還清的貸款」、「這是我幫助別人也借到的錢」，那筆貸款早已不再只是金融產品，而是一段人生重新開始的敘事起點。

微型金融讓女性成為財務行動者，而非被動依賴者。透過制度化信任與可行性商業模組，這些看似微小的借貸正在創造宏大的社會改變。

■第三章　創造資產，用借來的錢：全球創業與投資型負債案例

第十節
融資不是目的，而是創富跳板：
全球成功創業家的共同祕密

成功創業者的共通點：
懂得借錢，也懂得讓錢變成價值

許多人誤以為資金充裕就是創業成功的保證，然而在真實的創業世界中，全球最頂尖的創業者往往並不是「拿最多錢的人」，而是「最知道怎麼用錢創造價值的人」。他們的思維不在於籌資多少，而在於資金能否在對的時機、用在對的專案上，發揮最大的策略槓桿效益。在他們眼中，融資從來不是目的，而是推動產品成型、市場驗證、團隊擴張與品牌信任的策略工具。

正如矽谷知名創投家馬克・安德里森（Marc Andreessen）所說：「錢永遠不是瓶頸，瓶頸是你是否有能力用它創造正循環。」

全球創業者的融資策略思維模型

觀察 Airbnb、Tesla、Grab、Shopify、Revolut 等新世代獨角獸企業的創業歷程，可歸納出三個共通特徵：

1. 階段型融資思維

頂尖創業者會將資金依照創業階段分類為「概念驗證資金（Proof of Concept）」、「產品市場匹配資金（Product-Market Fit Capital）」、「成長加速資金（Scale Capital）」與「槓桿擴張資金（Expansion Leverage）」，每一階段對應不同的資金結構與風險容忍度，並透過設定里程碑（Milestone）來分批引資。

2. 混合式資金結構

將股權投資與債務工具靈活搭配，如可轉換公司債（Convertible Notes）、營收共享型貸款（Revenue-Based Financing）、政府補助與保證貸款，使資本模型兼具「低稀釋、高控制與彈性回報」特性，打造出能自我進化的融資系統。

3. 現金流優先原則

無論是平臺經濟還是硬體技術型創業者，都會在大規模擴張前建立清晰的單位經濟模型（Unit Economics），並將燒

錢速度與現金流回收能力納入 KPI 中，使融資節奏與營收模式緊密連動，減少資金空轉風險。

案例統整：三種成功融資邏輯

1. 產品為本型（Shopify）

Shopify 創辦人 Tobias Lütke 初期未急於擴張，而是自建電商平臺工具並透過接案維持現金流。當其產品逐漸展現規模效益與 SaaS 收入模型後，才引入 Bessemer 與 Accel 等創投資金擴大平臺。每一輪融資均對應明確資金用途、預期成長報酬與稀釋比例管理，並堅持創辦團隊保有策略決策權。

2. 槓桿操作型（Grab）

東南亞出行平臺 Grab 透過與車隊簽訂收入共享協議，將未來收入作為銀行擔保品，取得短期信用貸款。這筆資金用於快速布建城市據點、補貼用戶與司機，形成先擴大流量後提升估值再吸引創投的雙層槓桿策略，成功將一間本地計程車平臺轉化為區域級金融與物流整合企業。

3. 文化帶動型（Patagonia）

Patagonia 雖非典型初創企業，但其創辦人伊馮・喬伊納德（Yvon Chouinard）選擇以「永續」、「環保」、「反成長主義」

作為品牌核心,不過度依賴外部資本,僅以短期信用貸款進行週轉,以高毛利、強品牌忠誠與穩定現金流撐起全球供應鏈,成為「低融資高信任」的非典範代表。

真正的創業高手如何看待融資?

1. 借錢是為了買時間,不是填洞

優秀的創業者把資金投入可計畫性回報的節點,例如新產品上市前的研發費用、市場開發的早期推廣、團隊建構的核心人力,而非補貼既有虧損或彌補管理錯誤。

2. 資金節奏需貼合營運進度

資金流進企業應分為可預測的階段性投放,並與銷售、用戶留存、產品開發等營運指標同步成長,而不是一股腦地大量投入導致資源浪費。

3. 對資金來源保有主動選擇權

不盲從創投趨勢,懂得分析天使投資、股權募資、政府創業補助、策略夥伴投入、銀行信貸等工具的長短期效果,選擇最適配自身公司策略與文化的來源。

4. 融資結構具備彈性退出機制

在融資協議中納入估值重談條款、股權回購安排、退出順位協商與未來稀釋保護條款，以防未來資本壓力干擾創業節奏。

> **錢不難借，難的是你要讓它成為什麼**
>
> 創業的融資並不難，全球都在尋找有潛力的創業者，但關鍵在於：你借來的錢是用來創造價值還是掩蓋問題？你是否有能力將這些資金轉化為顧客滿意、收入擴張、團隊成長與社會影響力？
>
> 真正的創富不是靠錢多，而是靠會用錢。會借錢的人不一定成功，但會借錢又懂得設計資金節奏與風險分擔機制的人，才可能打造出真正具有韌性、能跨越週期與市場轉折的企業體系。每一筆融資都是一次信任考驗，也是一次創新行動的燃料。關鍵不在於資金大小，而在於你是否真的為它設計了一個有價值的去處。

第四章
不只是還債：
走出焦慮的財務韌性鍛鍊

■第四章　不只是還債：走出焦慮的財務韌性鍛鍊

第一節　借錢的不安從哪來？心理學家布萊德對負債行為的研究

借錢，不只是財務決定，更是心理選擇

借錢這件事，對許多人而言，不只是帳面上的資金流動，更是一段深刻牽動心理狀態的過程。從尋求親友協助到申請信用貸款，人們往往經歷從掙扎、猶豫到最終妥協的心理過程。借款行為背後潛藏著強烈的自我認同與價值觀碰撞，而這些心理動力往往才是導致長期負債與財務焦慮的關鍵因素。

布萊德（Brad Klontz）是美國科羅拉多州一位專研財務行為學的臨床心理學家，他長年研究人類的金錢信念與行為決策之間的關係，並提出「金錢腳本」（Money Scripts）理論。該理論強調，人們從小接受的金錢觀念會在成年後潛移默化地影響其財務行為，包括花費、儲蓄、投資與借款。也就是說，一個人是否容易陷入負債，往往與他過往的家庭背景、社會環境，以及他對金錢的情感記憶有關。

第一節　借錢的不安從哪來？心理學家布萊德對負債行為的研究

財務焦慮的形成：來自羞愧與失控的雙重壓力

當一個人選擇借錢時，他的內心常伴隨著一種「失控感」。這種感覺來自於無法自主解決經濟困難的無力，讓人產生自我價值的動搖。研究顯示，負債者經常感受到羞愧（shame）與罪惡感（guilt），尤其是當他們面對的是親密的人際關係時。英國倫敦大學學院一項研究指出，高負債族群的自尊明顯低於一般人群，並常在自我認知上出現「我是個失敗者」的內化想法。

布萊德指出，這種羞愧感比任何一種壓力還難以被覺察，因為它不容易被說出口。與焦慮不同，羞愧往往不被視為可以被他人理解的情緒，而是深藏內心、日漸發酵的心理負擔。這也使得負債者更難主動尋求協助，進而讓問題進一步惡化。

心理學視角下的「負債人格」

除了羞愧與失控感外，布萊德的研究還將常見的財務困境行為分成數種類型，並與人格特質進行對應。這些分類不是用來標籤，而是協助個體更好地理解自己的行為模式。他的分類如下：

■第四章　不只是還債：走出焦慮的財務韌性鍛鍊

- 逃避型（Avoidant）：這類人傾向於忽視帳單、逃避開信封或檢查銀行帳戶。他們往往因過去與金錢有創傷經驗，而在潛意識中拒絕與金錢對話。
- 過度補償型（Overcompensator）：這群人經常透過炫耀性消費來掩飾內在的不安全感，即便處於負債狀況仍然保持高消費水準。
- 救贖型（Rescuer）：他們經常為家人、朋友承擔財務責任，即便自己已陷入財務困境，依然不願說「不」。
- 自我犧牲型（Martyr）：此類型的人認為為他人犧牲財務是一種美德，但同時也因此無法建立健康的金錢界線，長期處於虧空狀態。

這些「負債人格」模式讓我們意識到，借錢行為不只是經濟的結果，更是一種深層心理狀態的反映。從行為主義的角度來看，負債也是一種「即時獎賞」的延伸，人們為了短暫的舒緩，選擇先滿足當下需求，而不顧長遠後果。

真實個案：從財務焦慮走出來的故事

讓我們看一個案例。陳昱廷（化名）是臺灣一位35歲的自由工作者，五年前他因為創業失敗而背上近百萬臺幣的信

用卡債。他當時的第一反應不是與債權人協商，而是「暫時裝作沒事」，不拆信、不接電話，過著壓抑又焦慮的生活。這段期間，他開始出現失眠、暴食與社交退縮等症狀。

後來他在朋友的建議下接受心理諮商，透過布萊德提出的金錢腳本測驗發現，他從小便生活在「金錢是一種風險」的家庭環境中，對金錢始終抱持著恐懼與逃避的態度。他開始學習以第三人稱的角度看待金錢問題，並逐步建立起記帳與債務清單機制。他並不是一夕之間解決債務，但他的生活從「無法開口談錢」轉向「能與自己誠實對話」。

陳昱廷的經驗顯示，當一個人願意停下來重新認識自己與金錢的關係，他就開始擁有財務復原力（financial resilience）的萌芽，而這種力量並不來自資產規模，而是來自心理轉變。

心理解方：從認知重建開始的財務修復

布萊德與其他心理學者一致認為，若要從借錢焦慮中走出，必須從以下三個面向進行認知重建：

(1) 釐清金錢信念：透過問卷或書寫方式回顧自己對金錢的原始印象，辨識那些不再適用的信念（如「只有有錢人才值得被愛」）。

■第四章　不只是還債：走出焦慮的財務韌性鍛鍊

(2) 練習覺察情緒：將「借錢」這個行為所引發的情緒具體化，例如焦慮、羞愧、忿怒，才能進一步處理。
(3) 設定可行目標：與其設定「我要還完所有債務」，不如設定「我要建立一套讓我安心的金錢儀式」，如每日記帳、每月一次與伴侶討論財務。

透過這樣的歷程，個體不再是被債務驅使的受害者，而是主動選擇財務策略的行動者。這樣的心理轉化雖然艱難，卻是財務自由的起點。

積極轉念：走出金錢陰影的第一步

金錢與負債不該只是壓垮個體的絆腳石，它同時也是一面照見內在世界的鏡子。透過心理學的理解與工具，我們得以解構那些代代傳承下來的金錢迷思，也能重新建構屬於自己的人生財務價值觀。當我們開始用理解與接納的態度看待「借錢的不安」，也正是我們走出焦慮、邁向財務韌性的第一步。

第二節　負債與焦慮的惡性循環：如何打破？

壓力循環的啟動：從經濟負擔到身心失衡

財務壓力不只是一組數字，更是一種會慢慢吞噬自我信心與生活品質的慢性壓力源。當一個人陷入負債時，不只會面臨實際還款壓力，還會伴隨著來自內在（如自我責備）、外在（如親友壓力）與制度（如高利息、催收機制）的多重壓力夾擊，導致焦慮加劇，進而影響睡眠、情緒與社交能力。這種由經濟壓力引發的心理症狀，稱為「財務焦慮」（financial anxiety），目前已被多國心理學家列入重要的行為經濟學與臨床心理研究議題。

根據美國金融健康網絡（Financial Health Network）2023年的報告，有超過65%的低至中等收入者表示，「光想到帳單就會焦慮得睡不著」，甚至有高達22%的人因財務壓力導致慢性失眠。焦慮情緒進一步削弱了個體做出理性判斷的能力，讓他們更傾向使用高利貸、延遲還款，或進行報復性消費來暫時麻痺內心的不安。

■第四章　不只是還債:走出焦慮的財務韌性鍛鍊

負債行為與情緒反應的交互增強效應

　　心理學上有所謂「行為與情緒的正回饋」效應,即行為會引發特定情緒,而該情緒又反過來加強該行為的發生頻率。當我們把這個概念套用到負債與焦慮上,會發現這是一個典型的惡性循環。舉例來說,一位受薪階層的工作者因突發車禍需要動用大量醫療費用,於是他選擇以信用貸款支付。由於原本月薪已緊繃,新增的利息支出讓他每個月的財務空間進一步壓縮,於是他開始出現焦慮、暴躁與決策遲疑等症狀。

　　這些症狀讓他在工作表現上逐漸失常,甚至因情緒波動而影響人際關係,進而間接導致收入下降。當收入下降後,他又被迫借更多錢,這種循環反覆擴大,最終讓他陷入「經濟失衡－情緒失控－決策錯誤－更深負債」的困局。

實證研究:英國消費債務研究的發現

　　根據英國金融行為監理局(FCA)與倫敦政經學院 2021 年的合作研究,針對 5,000 位英國家庭進行的長期追蹤調查顯示,財務壓力是焦慮症狀發展的重要預測因子,特別是在重複使用信用貸款與分期付款的族群中。該研究還發現,當

個體能夠主動面對債務問題、制定還款計畫,並搭配心理諮商資源介入時,其焦慮指數平均下降38%。

這項研究證實,光是面對債務、願意處理,就已是一種心理轉變的起點。心理學者將這種「面對現實」的轉折點稱為「認知啟動期」(cognitive activation phase),意思是個體開始由逃避轉為參與,進而產生具體行動。

打破惡性循環的策略:從微行動做起

根據正向心理學家芭芭拉·弗雷德里克森(Barbara Fredrickson)提出的擴展與建構理論(broaden-and-build theory),當人處於正向情緒狀態時,認知彈性與創造力會提高,更容易做出長遠有利的決策。因此,打破負債與焦慮的惡性循環,並不需要一夕之間還清所有債務,而是要從「創造微小的正向經驗」開始。

這些正向經驗可能包括:完成一次成功的記帳、主動撥電話給債權人協商、或是第一次參加理財講座。每一次這樣的正向行動,都是讓個體重新掌控人生的證明。當這些行為逐步累積時,便能反轉原本的焦慮情緒,開啟「行動-自信-更多行動」的正向循環。

第四章　不只是還債：走出焦慮的財務韌性鍛鍊

個案故事：從卡奴到心理顧問的轉變

林佳馨（化名）曾是臺北某科技公司業務，月薪六萬，卻因購物欲望與社交壓力而陷入多筆信用卡債務，最高時累積超過 120 萬。她當時經常用刷卡來舒緩壓力，卻又在月中焦慮地查詢帳單，這種情緒落差導致她開始出現失眠與憂鬱傾向。直到她在一次職場壓力爆發下，決定申請休假並尋求心理協助。

在諮商過程中，她學習到如何將「金錢焦慮」具象化，不再讓它在潛意識中擴散影響。她開始使用手機 App 做每日情緒與支出紀錄，也參與財務自助小組，逐步建立起支持網絡。三年後，她不但還清所有債務，還考取了諮商心理師資格，現於新北市某心理診所任職，專門輔導面臨財務壓力的年輕人。

她的經驗證明：即便陷入深層焦慮，只要找到破口與方法，人生依然可以重新啟動。

積極行動：焦慮與債務不是人生的終點

面對債務時的焦慮感並非個人失敗的證明，而是社會與制度壓力交織下的心理反應。只有當我們願意放下羞愧與自責、勇敢面對問題並一步步採取行

第二節　負債與焦慮的惡性循環：如何打破？

動，才有機會跳脫那個令人窒息的焦慮循環。財務自由的第一步，並非清償，而是理解與自我接納。

第三節　身心健康與財務壓力：英國 NHS 財務心理衛生政策探討

財務壓力不再只是個人問題：從健康議題切入的政策視角

過去，財務壓力多被視為個人管理不善的結果，政府與醫療系統鮮少將其列為正式的健康議題。然而近年來，尤其在英國，這樣的觀點出現了重大轉變。英國國民健康署（National Health Service, NHS）在 2020 年起陸續推行一系列與財務健康相關的心理輔導與預防性服務，認定財務困境與身心健康之間有著密不可分的關聯。

NHS 的政策基礎來自英國公共衛生署（Public Health England）2019 年一份報告指出，長期處於財務壓力中的個體，其罹患焦慮症、憂鬱症、慢性疼痛與心血管疾病的風險顯著高於一般人群。報告更強調，當財務壓力疊加在經濟不穩、失業、育兒與住房困難等社會條件上時，其對心理健康的傷害會呈現指數型上升。

第三節　身心健康與財務壓力：英國 NHS 財務心理衛生政策探討

NHS 的介入模式：財務問題的整合性健康介入

自 2020 年起，NHS 與 Mind、StepChange 等慈善組織合作，試辦「社區財務心理健康服務計畫」，主要針對弱勢家庭、青年與長期慢性病患者，提供三大類服務：

◆ 即時財務壓力評估（Financial Stress Screening）：所有進入精神科或家庭醫學門診的患者，皆需接受簡易的財務壓力問卷，以作為健康風險評估的一環。

◆ 跨專業轉介服務（Multi-disciplinary Referral）：當患者表現出因財務困境而影響治療意願或情緒穩定的傾向，醫師可直接轉介至專責社工或財務顧問，進行後續支持。

◆ 治療與教育整合（Integrated Therapy & Education）：針對高風險族群提供心理治療與財務教育課程，透過團體工作坊、認知行為療法與預算訓練，協助患者重建內在掌控感。

這項模式的關鍵在於不再將「錢的問題」視為健康照護體系的附屬問題，而是作為預防與治療的一環，納入醫療系統主幹。這也意味著醫師在面對病人時，需擴大對其生活脈絡的理解，並重新定位「健康」的定義。

第四章　不只是還債：走出焦慮的財務韌性鍛鍊

數據成效與挑戰：跨領域合作的真實效益

根據 NHS 在 2023 年初發布的中期報告，已有超過 8 萬名英國民眾接受過財務壓力評估，並有超過 20% 的人因此獲得心理或財務支援服務。報告中顯示，接受完整介入計畫的個體在六個月內焦慮與憂鬱症狀平均減少 31%，其中約 18% 的人改善了生活中的債務管理行為，例如建立預算計畫或停止使用高利信用貸款。

然而，該政策也面臨執行上的挑戰。最大問題在於資源調度與人力培訓。許多醫療從業人員反映，過去的醫學教育未提供足夠的財務議題培訓，難以勝任初步判斷或溝通需求。此外，不同地區的社區資源分配不均，也讓政策效果存在落差。

啟發臺灣：建立在地化的財務心理健康網絡

英國 NHS 的模式提供了值得臺灣借鏡的方向。雖然健保制度已涵蓋絕大多數身體疾病診療，但心理健康與財務困境的交叉介入仍屬空白。目前部分縣市政府雖已有債務協商與法律扶助制度，但多由司法單位主導，缺乏與衛生系統整合的機制。

第三節　身心健康與財務壓力：英國 NHS 財務心理衛生政策探討

未來，臺灣可考慮比照英國經驗，設立「財務心理健康整合服務中心」，將社工、臨床心理師與理財顧問三方整合，於精神科、家庭醫學科或公共衛生中心常態設點，提供財務困境者更早期、更多元的支持。不只降低社會成本，更有助於促進整體社會心理韌性（psychological resilience）。

錢與健康：兩者從來就不是分開的事

財務困境不應被簡化為金錢管理不當的結果，而應被視為一種有機會預防、可以治療的心理健康風險。當國家願意承認「錢會讓人痛」這件事，並將其納入健康政策，才是真正以人為本的公共衛生精神。身心健康與財務健康的交叉口，正是現代醫療與心理學最該共同面對的新邊疆。

■第四章　不只是還債：走出焦慮的財務韌性鍛鍊

第四節　財務壓力如何影響關係？從美國夫妻債務研究出發

錢，是親密關係中最難啟齒的話題之一

在伴侶關係中，「錢」始終是既現實又敏感的議題。根據美國國家婚姻研究中心（National Marriage Project）2022年調查，超過六成以上的受訪者認為「金錢爭執」是伴侶之間最難解決的衝突來源，甚至高於子女教養、性格差異與時間分配問題。這項結果也反映在離婚統計上，美國心理學會（APA）指出，財務壓力長年位居導致婚姻破裂的前三名主因之一。

心理學家傑佛瑞·杜威特（Jeffrey P. Dew）曾針對「金錢衝突與婚姻滿意度」進行縱貫研究，發現夫妻間若經常就支出、儲蓄或債務分配產生爭執，不僅會減損親密感與溝通品質，也會造成彼此間的信任流失與情緒距離擴大。而這樣的關係張力，在面對經濟困境時更會被放大。

第四節　財務壓力如何影響關係？從美國夫妻債務研究出發

債務如何侵蝕關係？
行為經濟學的雙人困境模型

行為經濟學中有一個概念叫做「雙人困境」，指的是當兩人同時處於資源不足的狀態時，彼此對風險與責任的感知將發生偏差，進而產生不對等的壓力反應。舉例來說，一對夫妻若面臨突如其來的醫療開銷，丈夫可能傾向借貸因應、以維持家庭運作；而妻子則可能感受到不安與被迫妥協的壓力，進而出現焦慮、憂鬱或冷漠等情緒反應。

這種「風險分配不對等」的現象，在經濟壓力升高時尤為明顯。美國猶他州立大學一項長期追蹤研究顯示，若夫妻雙方對家庭債務的容忍度落差過大，則該婚姻的持續性將受到高度挑戰。這不僅是觀念的落差，更是一種結構性的矛盾：財務壓力會挑戰彼此的信任機制與溝通模式，讓日常瑣事也逐漸演變為衝突觸發點。

美國夫妻債務研究：
壓力會如何在情感中擴散？

美國凱斯西儲大學（Case Western Reserve University）在2021年發表的一項研究中，深入分析了來自中西部八州、

第四章　不只是還債：走出焦慮的財務韌性鍛鍊

超過 3,000 對夫妻的財務與婚姻滿意度資料。結果發現，財務壓力對婚姻的破壞不僅在於金錢本身，更來自於「不平衡的心理負擔分配」。

換言之，若一方覺得自己承擔太多經濟責任，而另一方缺乏回應或參與，這樣的心理不平衡將逐步演變為情感疏離。此外，研究也發現那些願意每月至少進行一次家庭財務對話的夫妻，其婚姻滿意度與情感親密度顯著高於從未討論財務的對象。

溝通與透明：面對債務壓力的關係修復起點

心理學家蘇珊・強森（Susan Johnson）所倡導的情緒取向治療（Emotionally Focused Therapy, EFT）指出，當伴侶面臨壓力時，若能展開情緒連結式的對話，便能重新建立安全依附與相互理解。應用於財務壓力議題上，這意味著與其爭論誰該負責還款，不如分享彼此對未來的不安、風險的感受與對經濟安全的渴望。

研究也發現，當夫妻願意共同制訂債務還款計畫、共同承擔經濟挑戰，不僅能減少衝突頻率，也能強化彼此的團隊感。許多婚姻諮商師建議將財務規劃納入伴侶的定期溝通議

題,如同每月的健康檢查般,讓「討論錢」變成生活的一部分,而非危機才談的話題。

臺灣現象:沉默與責任模糊的風險

在臺灣,文化中對談錢的避諱,常讓財務問題在親密關係中更容易被掩蓋。許多新婚或同居伴侶並未在關係初期釐清財務責任與未來目標,導致當債務壓力出現時,缺乏共同討論的基礎。根據行政院主計總處與民間信貸調查顯示,超過56%的已婚家庭曾歷經至少一次財務上的重大爭執,其中有17%的夫妻曾因而短期分居或考慮離婚。

對此,越來越多心理師呼籲應將「伴侶財務教育」納入婚前諮商或家庭教育課程中,教導雙方如何面對金錢觀差異、如何協商債務處理,以及如何共同制定財務目標。畢竟,財務健康不只是個人的課題,更是關係穩定的重要支柱。

愛與錢不能對立:讓財務成為連結而非裂痕

財務壓力若未被正視與管理,將成為伴侶間最強烈的破壞力量之一。但相反地,若雙方願意透過

■第四章　不只是還債:走出焦慮的財務韌性鍛鍊

> 溝通、信任與共同承擔來回應債務與支出,那麼「錢」就有可能轉化為促進情感連結的工具。親密關係的韌性,往往不是來自於經濟無虞,而是在風雨中願意牽手的那份同理與理解。

第五節　德國社會保險制度如何提供心理與債務協助？

財務壓力與社會結構的交織：從德國制度談起

在許多國家，財務困難往往被視為個人責任的結果，而非制度性問題。但在德國，這樣的觀點早在 1990 年代後期即被逐步修正。德國聯邦政府認知到，貧窮與債務對民眾心理健康的影響深遠，因此將其納入整體社會福利與醫療政策架構之中。透過完整的社會保險制度與債務援助體系，德國打造了一套獨特的「財務心理支持網絡」，讓遭遇經濟困境的民眾不再孤軍奮戰。

多層次的社會保險系統：財務壓力納入醫療照護核心

德國目前的社會保險架構由五大系統組成：醫療保險、失能保險、意外保險、養老保險與失業保險。其中，醫療保險制度涵蓋廣泛，所有正式雇員皆必須加入，並可享有心理

第四章　不只是還債：走出焦慮的財務韌性鍛鍊

治療與債務相關疾病（如焦慮症、憂鬱症等）之診療保障。

除了醫療補助之外，德國的失業保險與社會福利部門亦提供專責的「財務危機介入服務」（Schuldnerberatung），即債務諮詢服務。這些諮詢中心遍布全國，服務對象不限於低收入戶，而是任何遭遇財務困難且有心理壓力者皆可主動申請。政府亦設有專責預算補助單位，支持地方非營利組織提供相關服務，確保無論身處何地、收入多寡，每位公民都有機會獲得協助。

「債務諮詢」與「心理支持」的整合介入機制

德國的債務諮詢並非單純的數字處理或法律協商，更是一種綜合性的心理社會支持。根據 2022 年德國社會事務研究院（Deutsches Institut für Wirtschaftsforschung, DIW）的報告，債務諮詢機構至少提供以下五項核心服務：

◆ 債務清單重整：協助民眾全面盤點債權人與債務額度，建立視覺化圖表。
◆ 還款計畫制定：依個人現金流與生活開銷制定可行分期付款策略，並與債權方協商延期或減免利息。

第五節　德國社會保險制度如何提供心理與債務協助？

- ◆ 心理壓力辨識與轉介：若顧客表現出焦慮、憂鬱等高風險心理症狀，諮詢師會主動轉介至健康保險體系下的心理醫療機構。
- ◆ 生活技能與理財教育：定期舉辦預算管理課程、情緒性消費控制、生活習慣調整等教育工作坊。
- ◆ 就業支持服務：部分地區更與職業重建中心合作，協助個案重返就業市場，以穩定長期收入來源。

這種「雙軌並行」的模式打破了過去財務與心理分離的處理邏輯，也提高了服務對象對整體介入的接受度與依附度。據 2023 年初德國政府統計，曾接受完整債務諮詢並配合治療的個案中，有近 64％ 在一年內恢復穩定收入，超過一半成功結清債務或進入協商程序，心理健康改善比例亦達到 47％。

案例觀察：柏林女性中心的實務經驗

在柏林，有一間由婦女基金會（Frauenwirtschaftszentrum）經營的債務與心理支持機構，專門服務遭遇財務與家暴雙重困境的女性。這些服務對象往往同時面對經濟弱勢與精神創傷，機構因應此一特殊處境，發展出跨專業整合團隊，由社工、心理師、法律顧問與金融顧問共同參與個案會議。

■第四章　不只是還債：走出焦慮的財務韌性鍛鍊

　　例如一位名叫瑪麗亞（化名）的女性，因遭遇家暴離婚後帶著兩名子女生活，債務累積超過 2 萬歐元，且長期處於焦慮與失眠狀態。在中心的協助下，她不僅獲得法律保護與債務重整，更接受為期六個月的心理治療與育兒支援課程。三年後，她已經穩定就業並重建生活信心。

　　此類案例顯示，唯有將財務作為整體生命脈絡的一部分，才能真正提供有效支持，促進個體的社會與心理復原。

德國經驗對臺灣的啟發：從分工走向整合

　　臺灣目前的社會保險制度雖已涵蓋基本醫療與部分失能扶助，但財務壓力相關的心理支持與制度性債務輔導仍屬缺乏。多數債務者須自費尋求諮商，或依賴法律扶助系統進行單一協商程序，缺乏整合性服務鏈。

　　若參考德國經驗，臺灣可從以下三個面向著手改革：

- ◆ 跨部門合作機制：由衛福部、金管會與地方法院共同建置「整合型債務協助平臺」，確保資源流通與案件轉介順暢。
- ◆ 專責諮詢人員訓練：設立債務與心理雙證照制度，提升專業人力水準與敏感度。

第五節　德國社會保險制度如何提供心理與債務協助？

◆ 社區據點普及化：以公立醫院、社福中心為據點，擴大財務心理健康服務的觸及率，將服務下沉至基層，強化普遍可近性。

錢的問題，不該只是你的問題

債務困境不該只是個體的責任與壓力，而是整體社會與政策體系應共同承擔的課題。德國的經驗說明，當國家願意投資於財務與心理的整合服務，不僅提升民眾福祉，也創造更具韌性的社會結構。對臺灣而言，若要真正建立具備預防性與復原力的財務安全網，制度與心靈的整合將是關鍵下一步。

■第四章　不只是還債：走出焦慮的財務韌性鍛鍊

第六節　財務復原力訓練：認知重建與情緒調節技巧

財務復原力是什麼？從心理學定義出發

「財務復原力」(financial resilience)這個概念，最早出現在經濟行為學與臨床心理學的交叉領域，其核心在於：當個人面對財務困境時，能否持續運作、有效調適，並最終恢復經濟與心理平衡。根據美國消費者金融保護局（CFPB）的定義，財務復原力指的是「個人或家庭面對財務衝擊時維持穩定生活品質並能復原的能力」。它不只是財務能力的延伸，更是一種心理韌性（psychological resilience）的實踐方式。

心理學家進一步指出，財務復原力涉及三個層面：

- 認知重建（Cognitive Restructuring）：改變對金錢與失敗的負面思維模式。
- 情緒調節（Emotional Regulation）：學習覺察與管理財務壓力下的情緒反應。
- 行動規劃（Behavioral Planning）：採取具體策略來恢復控制感與執行力。

第六節　財務復原力訓練：認知重建與情緒調節技巧

這三者密不可分，缺一不可。若只談策略而忽略情緒，或只處理認知而未規劃行動，個體將難以真正擺脫財務焦慮的輪迴。

認知重建：破解錯誤金錢信念

許多人面對財務困境時，會產生「我就是沒能力」、「一旦失敗就永無翻身」等自我否定的想法。這些來自童年經驗、社會標籤或個人創傷的「金錢信念」（money beliefs），往往扭曲我們對自己的判斷，阻礙問題的理性解決。

認知重建的第一步是辨認這些限制性信念。舉例來說，某些人認為「借錢就是失敗的證明」，導致他們在真正需要資源時反而拒絕協助。心理治療中常用「ABC 模型」協助釐清情緒來源：

◆ A（Activating Event）：事件，如帳單催繳。
◆ B（Beliefs）：信念，如「我一定還不起」。
◆ C （Consequences）：情緒反應，如焦慮或羞愧。

透過與心理師對話，個體可以修正「B」的內容，從「我一定還不起」改為「我目前有困難，但可以尋求協助並分期處理」。這樣的轉變將帶來情緒上的釋放與行為上的積極性。

■第四章 不只是還債:走出焦慮的財務韌性鍛鍊

情緒調節:從反應到反思

財務壓力不只來自現實,更來自對現實的情緒反應。根據正念減壓療法(Mindfulness-Based Stress Reduction, MBSR)理論,人們面對壓力時常處於「自動駕駛模式」,情緒主導反應而非理性介入。透過正念訓練,個體可以學習在第一時間察覺情緒,而非立即被它牽著走。

實務技巧包括:

◆ 每日 3 分鐘呼吸練習:專注當下呼吸節奏,減緩焦慮。
◆ 財務日記:記錄每天支出同時附註當下情緒反應,建立消費與情緒連結的意識。
◆ 情緒辨識卡:學習具體描述情緒(如「我現在感到失望」而非「我不好」),降低模糊壓力源。

當個體能區分「我有焦慮」與「我就是焦慮」,便能在壓力來臨時保有行動選擇的空間。

行動規劃:用小步驟重建控制感

財務復原不可能一蹴可幾,但透過具體可執行的行動規劃,可以逐步恢復控制感與信心。心理學上稱之為「行動意

圖訓練」（implementation intention），即設定具體時間、地點與方式的行動方案。

例如：將「我要存錢」具體化為「每週一早上自動轉帳500元到定存帳戶」。

其他有效策略還包括：

◆ 使用預算App自動分類支出，降低記帳門檻。
◆ 訂立短期可達成目標，如「兩週內減少一次外食」。
◆ 與朋友組成「理財互助小組」，每月檢視彼此目標進度，提升執行動力。

當這些行動成為習慣，個體將逐漸由受害者身分轉化為參與者角色，這正是復原力的核心。

在地案例：從卡債轉化為財務教練的蛻變

大學生吳宜芳（化名）因創業失敗與過度消費累積上百萬卡債，長期陷入焦慮與逃避情緒。她起初參加心理治療，並在諮商師建議下同步進行財務行動規劃訓練。經過兩年，她不僅還清大部分債務，還將自身經歷整理成故事，成為理財課程講師與社區財務教練，協助更多人走出困境。

■第四章　不只是還債：走出焦慮的財務韌性鍛鍊

她的例子說明，當認知、情緒與行動能彼此連動，財務復原就不只是生存，而是一種重生。

從破碎中再組：重構我們的財務心理地圖

財務復原力不只是處理錢的問題，而是重新學習如何與壓力共處、如何看待自己、以及如何在跌倒後站起。透過認知重建、情緒調節與行動規劃這三大支柱，每個人都可以逐步建立屬於自己的心理堡壘。因為真正的自由，不是沒有困境，而是有能力面對困境而不被它擊垮。

第七節　如何與自己談錢：
金錢腳本自我財務性格測試應用

金錢個性從何而來？
金錢腳本的心理學理論基礎

我們每一個人對金錢的感受與行為背後，都有一套潛在的信念系統在運作。這些信念可能來自於童年的家庭經驗、社會文化脈絡，或是個人創傷經驗。美國心理學家布萊德·克朗茲（Brad Klontz）與泰德·克朗茲（Ted Klontz）父子於 2000 年代初期，根據多年諮商與研究經驗，提出了「金錢腳本」（Money Scripts）理論，並開發出一套結構化的心理測驗工具，幫助人們辨識自己對金錢的無意識信念與行為模式。

他們發現，多數人對金錢的情緒反應與行為傾向可歸類為四種典型腳本：

◆ 金錢迴避型（Money Avoidance）：認為金錢是邪惡、不道德或不值得追求的，往往導致拒絕理財、花費無度或逃避財務規劃。

第四章　不只是還債：走出焦慮的財務韌性鍛鍊

- 金錢崇拜型（Money Worship）：相信金錢可以解決一切問題，容易陷入過度工作、囤積與消費成癮。
- 金錢狀況型（Money Status）：將金錢視為個人價值的象徵，追求外在表現，常與比較與嫉妒相伴而生。
- 金錢警戒型（Money Vigilance）：高度重視儲蓄與財務穩定，但可能因過度焦慮導致冒險恐懼與享受障礙。

這些腳本不是絕對的分類，而是反映出個體面對金錢的心理傾向。透過測驗，我們能更精確地理解自己的行為背後是哪些信念在驅動。

測驗操作方式與解析指標

Klontz Money Script Inventory（KMSI）為一份共29題的心理測驗，每題使用Likert五點量表，評估個體在四種金錢腳本上的傾向。完成測驗後，受測者可獲得四個分數，各自代表在四類金錢信念中的強度與影響。

例如，一位高分落在「金錢崇拜型」的受測者，可能有以下典型反應：

- 在壓力下傾向透過購物來紓壓
- 認為收入提高就能解決家庭或人際問題

第七節　如何與自己談錢：金錢腳本自我財務性格測試應用

◆ 常因投資失利而情緒劇烈起伏

相對地，一位「金錢警戒型」高分者，則可能會：

◆ 難以信任理財顧問
◆ 習慣將資金保留於低風險但無成長的資產中
◆ 容易在應該享受時感到罪惡

這些測驗結果並非貼標籤，而是協助個體認識自身模式，從而調整行為與提升財務決策的彈性。

臨床應用與諮商轉化：如何把測驗變成行動？

許多財務心理師會將 KMSI 作為財務諮商的第一步驟。透過測驗與回饋對話，個體能將模糊的財務焦慮具體化，進而展開認知重建與行為調整。例如：一位女性受測者在 KMSI 中表現出「金錢迴避型」特徵，並承認從小家庭對談錢話題充滿衝突與指責。她開始意識到自己成年後對理財的逃避，正是來自於童年不愉快記憶的延續。

在接下來的數次會談中，治療師協助她將理財視為一種自我照顧的行動，而非應付父母期待的壓力來源。她逐步學

■第四章　不只是還債：走出焦慮的財務韌性鍛鍊

會記帳、設定小額預算，最終能夠在面對薪資談判時表達自己的價值，並不再羞於談錢。

臺灣在地化發展：
如何因地制宜推廣財務性格認識？

目前 KMSI 雖為美國開發工具，但其概念與結構具有高度跨文化適應性。近年已有臺灣心理師與大學研究單位翻譯與改編該測驗內容，針對臺灣民眾的語境與金錢文化進行微調。例如：在華人文化中，金錢常與家庭責任、面子文化與階層流動連結，因此測驗中的部分問題也須重新設計，以更貼近在地使用者的思考模式。

此外，已有幾所大學的心理諮商中心與社區金融教育單位合作開設「財務性格探索課程」，結合 KMSI 測驗、情緒管理訓練與理財基本知識，協助學生與年輕上班族在職涯初期建立健康的財務觀念與自我對話能力。

實際個案：從金錢崇拜到價值重構

林柏丞（化名）是一位 27 歲的科技業工程師，年收入達百萬，但始終有「錢不夠用」的焦慮感。他經常將購物作為

第七節　如何與自己談錢：金錢腳本自我財務性格測試應用

犒賞自己的手段，卻在月底為信用卡帳單而煩惱。透過一次公司舉辦的 KMSI 測驗，他發現自己在「金錢崇拜型」項目中得分極高。

經由財務教練的協助，他回顧自己從小在競爭激烈的家庭中成長，父親將「賺得多就有價值」當作生活準則。他開始理解，自己不斷追求財富，是為了填補自我價值感的缺口。認知轉變後，他開始設定有意義的財務目標，如支持家人、投資教育，而不再以消費作為自我肯定的唯一方式。

理解自己，是理財最根本的開始

金錢腳本的最大貢獻不在於分類人們的金錢行為，而是在於讓我們學會「與自己談錢」。當我們能理解自己對金錢的情緒來源與信念根源，理財就不再只是數字與計畫，而是一場與自我和解與成長的過程。掌握自己的財務性格，就是打造穩定人生的第一道心理基礎。

■第四章　不只是還債：走出焦慮的財務韌性鍛鍊

第八節　情緒性購物的國際現象與心理矯治方法

當購物成為情緒出口：行為背後的心理動因

在當代社會中,「買東西讓我好過一點」這句話聽來或許尋常,但對心理學家而言,這是一種典型的情緒性購物(emotional spending)現象。情緒性購物指的是當個體在面對壓力、焦慮、孤單、無聊、憤怒或悲傷等情緒時,以購物作為調節或壓抑這些情緒的手段。

美國臨床心理師指出,情緒性購物不是單純的消費行為,而是一種「替代性應對策略」。個體在無法面對真實情緒或缺乏有效情緒調節工具時,轉而尋求短暫的心理補償,而購物正好具備即時滿足與自我掌控的感受。這也是為何在經濟危機或疫情期間,許多國家的電商平臺反而銷量上升的原因之一。

第八節　情緒性購物的國際現象與心理矯治方法

國際研究：情緒性購物的普遍性與文化差異

根據英國倫敦政治經濟學院 2021 年針對 18 個國家的跨國研究，全球超過 34% 的成年人曾承認「在情緒低落時進行不必要的消費」，其中以都市化程度高、社交連結較弱的國家（如韓國、日本、美國）比例最高。

研究同時指出，文化價值觀對於情緒性購物行為有顯著影響。例如在重視集體主義與節儉美德的東亞社會，受訪者多傾向以「祕密購物」或「少量高頻率購物」方式抒發情緒，以避免引起親友非議。而在西方較強調個人表達與即時回報的文化中，情緒性購物往往表現為大量一次性支出，甚至伴隨「購物節日化」（如黑色星期五或網路星期一）的集體催化效應。

這些研究證實：情緒性購物並非單一文化的偏差現象，而是一種隨現代化、孤獨感與即時性文化加劇而普遍化的心理應對模式。

情緒性購物的心理與神經機制

從神經心理學角度來看，購物行為會觸發大腦的獎賞系統，特別是多巴胺的釋放，產生短暫的愉悅與安慰感。然而

■第四章　不只是還債：走出焦慮的財務韌性鍛鍊

這種愉悅是短效的，當刺激過後，個體常會陷入自責、空虛與焦慮的反撲，進一步誘發下一輪購物行為，形成「情緒低落－購物補償－愧疚－再次購物」的惡性循環。

此模式與物質成癮（如酒精、尼古丁）相似，雖不一定構成臨床診斷標準，但在頻率、強度與對生活功能影響達一定程度時，即可被視為「購物成癮症」（Compulsive Buying Disorder, CBD）。根據美國精神醫學會 2023 年更新版建議，CBD 雖尚未正式列入 DSM-5，但越來越多臨床研究呼籲將其納入強迫控制障礙類別。

心理矯治方法：從認知介入到行為重建

面對情緒性購物問題，單靠「意志力」往往難以奏效。國際間普遍採用認知行為治療（CBT）作為主要介入方式，輔以正念療法（MBCT）與人際關係治療（IPT）。

◆ 認知重建：透過記錄購物動機與當下情緒，協助個體辨識「非理性購買想法」，例如「我今天很累，買點東西安慰自己沒關係」的內在自我對話。

◆ 延遲購物技巧訓練：訓練個體在購物衝動出現時先延遲 10 ～ 30 分鐘，讓情緒有機會沉澱與轉化。

◆ 替代性行為練習：建立可替代的情緒調節方式，如運動、寫日記、與人談心、冥想等，減少購物成為唯一出口。
◆ 正念與感官覺察訓練：強化個體對購物欲望的「觀察而非行動」，從而脫離自動化的反應迴路。

此外，部分研究也證實團體治療具有良好效果。購物行為常與羞愧感連結，若能在安全的團體環境中討論、覺察與互助，將大幅提升治療成效。

臺灣現況與案例：從購物安慰到自我探索

近年來，臺灣出現愈來愈多因情緒性購物而陷入財務困境的案例，引發心理與財務雙重層面的關注。根據多家心理諮商機構與身心科門診觀察，年齡介於 25～40 歲之間的女性，特別是未婚或單身族群，為情緒性購物的高風險族群。她們在購物行為中，往往伴隨強烈的情緒動機，例如「我值得一個包包來犒賞自己」或「今天真的太煩了，買點東西讓自己好過一點」，將消費作為紓壓與情緒補償的替代機制。

林怡君（化名），30 歲行銷企劃，曾在一年內刷卡消費超過 60 萬元，多半為服飾與保養品。在接受正念治療

■第四章　不只是還債：走出焦慮的財務韌性鍛鍊

與 CBT 課程六個月後，她逐步學會辨識購物衝動與情緒來源，建立出新的放鬆策略，包含跑步、花藝課與週記反思。她說：「我以前覺得只有買東西才能讓我覺得『我有選擇』，但現在我知道，選擇其實很多，不只是購物。」

買與不買之間：學會看見真正的情緒需求

情緒性購物不該被簡化為浪費或放縱，而應被理解為一種情緒求救的訊號。當我們能從購物行為中抽離出來，轉而正視內在的寂寞、焦慮與疲憊，並用更健康的方式回應這些情緒，我們不只省下了金錢，也贏回了選擇的自由與人生的主動權。

第九節
被錢綁架的人生如何鬆綁？
重構財務與人生價值觀

當人生變成一場追錢遊戲：現代焦慮的根源

在經濟高速變遷與競爭激烈的社會中，許多人不知不覺將人生目標濃縮為「賺錢」與「擁有」。買房、換車、海外旅遊、名牌加身，這些原本只是選項，卻逐漸變成評價人生成功與否的標準。心理學家艾瑞克·佛洛姆（Erich Fromm）曾提出「擁有導向社會」（Having Society）概念，指出現代人過度重視物質擁有，導致自我價值與內在滿足感逐漸喪失，反而陷入更深的焦慮與空虛。

這種焦慮不僅來自經濟壓力，更來自價值觀的單一化。我們被教導「錢越多，選擇越多；財富越高，越能主導人生」，但真實情況往往相反。當錢變成主導者，而非工具時，我們的生活反而失去了主體性。

■第四章　不只是還債：走出焦慮的財務韌性鍛鍊

財務綁架的表現型態：從選擇到壓迫

被錢綁架的現象表現在生活中的各種層面，包括：

(1) 職業選擇受限：明知某份工作不適合自己，卻因為高薪而不敢轉換跑道。
(2) 家庭與婚姻決策扭曲：為了經濟考量而草率結婚、延遲生育，或無法脫離有毒關係。
(3) 健康被忽略：為了多賺加班費犧牲睡眠、飲食與運動，導致慢性病或心理問題。
(4) 休閒變焦慮：出國旅遊不再是享受，而是「社群打卡」與「人生成就」的展演壓力。

這些狀況顯示，金錢不再只是資源，而成為人生的「價值仲裁者」，讓人不再為自己活，而是為財務數字、社會期待與他人眼光活。

價值觀重構的心理策略：找回人生主控權

心理學中的存在主義學派認為，人類最大的不安來自「意義感的喪失」。若我們無法在日常生活中感受到價值與意義，就容易陷入無力、焦慮與逃避。而財務焦慮常是這種無意義感的一種具象化表現。

第九節　被錢綁架的人生如何鬆綁？重構財務與人生價值觀

要鬆綁財務綁架，首要之務是重構個人價值觀。具體做法包括：

(1) 撰寫個人價值日誌：每天花 10 分鐘書寫「我今天做了什麼讓我感覺有價值的事」，即使是照顧家人、完成一項任務，都能強化內在價值連結。

(2) 進行價值排序練習：列出 10 個你重視的事物（如健康、家庭、創造力、自由等），並依重要性排序，再審視目前的金錢支出是否與這些價值一致。

(3) 進行無金錢活動挑戰：每週一天設為「無花費日」，用閱讀、健走、親子時間等無需消費的方式滿足生活需求，重建非金錢性滿足。

這些行動有助於個體從「被金錢定義自己」的狀態，轉向「用價值指引金錢流向」的自我主控模式。

臺灣個案：從高薪成癮到價值轉向

張恆毅（化名），臺北某科技公司主管，年薪近 300 萬，卻長期感到疲憊與失落。他坦言：「我好像一直在為賺更多錢努力，但越賺越覺得空虛。」直到他在一次健康檢查中發現嚴重高血壓與胃潰瘍，才意識到長年壓抑的身心警訊。

■第四章　不只是還債：走出焦慮的財務韌性鍛鍊

在心理師建議下，他進行為期六個月的價值重構訓練，包括上心理諮商、參加人生設計工作坊、並重拾學生時代喜歡的繪畫。過程中他發現，自己真正渴望的是創造、陪伴與健康，而非升遷與股票紅利。2024 年，他辭去原職改任接案顧問，收入雖減半，生活品質卻大幅提升。他說：「我第一次覺得，錢在為我工作，而不是我為錢活。」

財務不再是目的，而是工具

心理學家卡爾・羅傑斯（Carl Rogers）強調，真正的自由來自「做選擇的能力」，而非「擁有一切」。若我們總是將財務視為目的，那麼人生就會變得如績效評量表，分數永遠不夠、滿足永遠缺席。但當我們願意讓金錢回到「工具」的位置，並以價值觀為核心設計生活，財務將不再是桎梏，而是支持自由的橋梁。

> **金錢的腳鐐能解開，**
> **前提是你願意看見它的存在**
>
> 我們都可能曾被金錢「綁架」，在不知不覺中活成財務目標的奴隸。但當我們開始覺察、反思並重新

第九節　被錢綁架的人生如何鬆綁？重構財務與人生價值觀

> 定義「什麼對我重要」，人生就能從績效競賽轉為價值實踐。脫離財務的奴役，不是不賺錢，而是不再只為賺錢而活。

■第四章　不只是還債：走出焦慮的財務韌性鍛鍊

第十節　從債務陰影中站起來：國際心理諮商個案分享

債務不只是帳面的數字，更是心理創傷的載體

財務困境帶來的不僅是經濟壓力，更是對自尊、自我價值與人際關係的深刻衝擊。心理學家普遍認為，債務狀態往往伴隨著羞愧（shame）、自責（guilt）、孤立（isolation）與無望（hopelessness）等情緒反應，若這些負面情緒未能獲得妥善處理，將可能轉化為焦慮症、憂鬱症、創傷後壓力反應（PTSD），甚至演變為長期的情緒性與功能性障礙，影響一個人對未來的希望與行動力。

根據 2023 年世界心理健康聯盟（World Federation for Mental Health）所發布的報告指出，債務困境已悄然成為影響全球青年族群心理健康的重要因子之一。特別是在經濟高度不穩、就業不確定性提高的社會結構背景下，越來越多年輕人因面臨無法償還的貸款、學費與信用卡債壓力而主動或被動尋求心理諮商協助。

本節節選四個來自英國、美國、加拿大與澳洲的真實心

理諮商個案,展現各文化背景下的財務壓力表現,以及這些個體如何透過心理學的介入與專業陪伴,走出債務的陰影,重新找回自我價值與生活主控感。

年輕世代的助學貸款焦慮與認同危機

28歲的莎曼珊是倫敦一所大學藝術系的畢業生。畢業後,她背負超過4萬英鎊的學貸,雖然已經就職,但每月收入僅能應付生活開銷與學貸利息,根本無力償還本金。她形容自己「像是一隻被債務鏈條拉住的狗」,永遠看不到前方的自由與希望。

這種信念逐漸侵蝕她的自尊與行動力,使她開始懷疑自己選擇藝術作為志業的正當性,甚至出現持續性的社交退縮與創作停滯。她在朋友介紹下接受NHS心理衛生服務轉介,參與一項為期12週的團體敘事治療(Narrative Therapy)課程。

在治療過程中,她學會重寫自己與金錢的關係故事。從原本「我是無能為力的負債者」的敘述,轉化為「我是正在學習與困境共處的創作者」。這樣的敘事轉變為她建立情緒穩定與實際財務策略帶來支持,也幫助她重新投入創作、嘗試公開販售作品以拓展收入來源。

第四章　不只是還債：走出焦慮的財務韌性鍛鍊

信用卡債務與情緒性購物的創傷修復

35 歲的艾瑞克是芝加哥一位廣告公司的創意總監，收入穩定但情緒起伏劇烈。他長期以購物作為壓力抒發方式，特別是在經歷高壓簡報或客戶退案後，便會前往精品店或線上平臺「獎勵自己」。

這種行為最終導致他累積超過六萬美元的信用卡債。在心理諮商初期，他堅決認為「錢的問題是私人事，心理治療應該專注於情緒」，但隨著 CBT（認知行為治療）逐步展開，他逐漸意識到，購物成癮實為童年時期情感剝奪的延伸。

透過與治療師的深入對話，他回憶起父親對成功與財富的絕對要求，以及母親長期忽視情感需求的模式。他終於明白，自己將金錢與愛等同視之，並以消費作為取代關係的工具。當他開始正視並拆解這些內化腳本後，逐步建立了預算管理、自我照顧與自尊重建的計畫。後期他也修復了與父親的疏遠關係，並開始參與債務諮詢小組協助他人。

移民婦女的多重壓力與財務創傷介入

拉芙娜來自印度，2018 年隨丈夫移居加拿大多倫多。儘管曾在印度任職會計師，但因語言與學歷轉換問題，她遲

第十節　從債務陰影中站起來：國際心理諮商個案分享

遲找不到工作,加上丈夫要求她留在家中照顧孩子,導致她對家庭財務毫無控制權。丈夫長期控制金錢、限制外出與消費,使她陷入典型的經濟暴力情境。

她透過社區婦女庇護中心轉介至「財務創傷修復小組」(Financial Trauma Recovery Group),該團體專為少數族裔婦女設計,結合多元文化心理學、創傷知情照護與經濟實務訓練。在小組過程中,拉芙娜首次開立屬於自己的銀行帳戶,學會使用理財 App 記帳與規劃預算,也重新書寫家庭角色與個人自我價值。

三年後,她完成社區學院的幼兒照護證照訓練,正式受聘為全職助理教師。她也成為同樣處境婦女的義工講師,積極推動社區賦權計畫,致力於讓更多被經濟綁架的移民女性重拾財務自由與心理安全感。

退休焦慮與「晚期債務創傷」的處理

64 歲的約翰是雪梨一所中學即將退休的資深教師。當他開始為退休做準備時,發現自己尚有一筆未清償的房貸與個人貸款,使他夜不能寐。他向家人隱瞞實際債務情況,每天內心充滿擔憂:「我這輩子努力了這麼久,怎麼會什麼都沒留下?」

■第四章　不只是還債：走出焦慮的財務韌性鍛鍊

在心理師的建議下，他接受接納與承諾療法（ACT）介入。治療師鼓勵他反思過往不只是收入與資產的累積，而是他在教育現場影響學生生命、建立家庭支持系統的貢獻。他逐漸釋懷未達財務預期的焦慮，轉而設計一個可行的「簡約退休生活計畫」，也邀請家人參與共識建立。

這場心理歷程讓他明白，財務安全感並非只來自數字，而是來自清楚理解自己的價值、擁有情緒支持與共同規劃的能力。他退休後投入志工教學，活出另一種穩定而有意義的晚年節奏。

從脆弱中建立韌性：
每一次破碎都是重組的契機

債務困境讓無數人在人生的某一階段跌入黑暗谷底，甚至質疑自我存在的價值與未來可能性。但這些國際案例清楚顯示，只要願意敞開心門、接受專業心理支持與制度性資源介入，個體不僅能從破碎中重新站起，更能重新組構自我價值觀與生活邏輯，走向更有選擇與尊嚴的人生。

脆弱不是弱點，而是重生的開始；困境不是終點，而是通往希望的前站。當我們願意說出「我需要幫

助」、願意開始第一步，債務便不再只是令人窒息的數字，而是一種可以被理解、被轉化的心理經驗，也是一條重拾人生主權的探索之路。

■第四章　不只是還債：走出焦慮的財務韌性鍛鍊

第五章

債務整合與資產重構：
現代家庭的財務再平衡工程

第五章　債務整合與資產重構：現代家庭的財務再平衡工程

第一節　多筆債務怎麼整合？
以澳洲信用仲介制度為例

債務碎片化的現代難題

現代家庭常面臨多元化的債務壓力，從信用卡、汽車貸款、學生貸款到房貸、醫療費用與私人信貸，這些「碎片化」債務如影隨形。當每一筆債務皆有不同的利率、還款期限與罰息機制，管理難度便急遽提升。一旦收入波動或意外發生，容易導致部分債務延遲還款，進而影響信用分數與財務信譽。

臺灣雖有債務協商與整合機制，但普遍偏向被動處理，缺乏系統性財務中介機制。而澳洲的信用仲介制度（credit intermediary system）則提供一個值得借鏡的主動債務整合模式，其制度設計兼具彈性、風險控管與消費者保護三重考量。

澳洲制度架構簡介：信用仲介的角色定位

澳洲金融市場以「信用仲介人」（Credit Assistance Providers）為核心，他們必須依法登錄澳洲證券與投資委員會（ASIC），持有有效的信貸牌照。其職責包括協助個人或家庭整合多筆債務、與多家金融機構洽談條件、評估借款人還款能力與風險承擔。

這些仲介機構不屬於任何單一銀行或貸款平臺，而是作為獨立第三方為借款人服務，確保條件最有利。制度規範其收費方式、風險揭露義務與行為守則，並透過電子平臺整合市場資訊，提升透明度。

整合流程：從債務盤點到重新貸款

債務整合的流程大致可分為五個階段：

(1) 初步債務盤點：信用仲介協助借款人整理現有所有債務資料，包含貸款類型、利率、還款額與期限。
(2) 信用評估與能力分析：透過徵信資料與財務狀況進行分析，判斷是否符合整合貸款資格。
(3) 市場比價與條件洽談：信用仲介協助在市場中尋找條件更佳的貸款機構，例如利率更低、期數更長或無違約金。

(4) 整合貸款核准與舊貸償還：一旦新貸款核准，仲介協助清償原有債務，使借款人只需面對單一債權人。
(5) 後續追蹤與預算協助：提供理財建議與預算規劃，避免重新陷入多筆債務循環。

此過程中，澳洲法規要求信用仲介提供「客戶最佳利益義務書」，確保推薦方案符合借款人長期利益而非業務佣金，這一制度性設計有效避免過度借貸與誤導性行銷。

實務成效與挑戰

根據澳洲財務顧問協會（FBAA）2023 年調查報告，超過 60％ 的整合債務申請人在整合後一年內還款壓力顯著降低，近四成家庭能重新建立儲蓄習慣，並於兩年內恢復良好信用評分。

然而，挑戰仍存在，例如部分信用仲介仍以銷售導向操作，導致整合後利率並未真正降低，或延長還款期反而提高總利息成本。此外，借款人本身的理財行為若未調整，仍可能在短期內再度負債，形成惡性循環。

臺灣的應用可能性：制度引進與在地調整建議

對臺灣而言，引進類似澳洲的信用仲介制度，可考慮以下建議：

◆ 設立專法管理信用仲介人，要求取得牌照並接受金管會監督；
◆ 設計數位整合平臺，提供民眾債務清單總覽、自動比價與風險提示；
◆ 推動金融教育與消費者保護法制化，避免業者導向銷售行為；
◆ 建立後續追蹤與心理輔導機制，將理財輔導與行為心理支持納入整合流程中。

> ### 善用整合工具，重啟財務秩序的第一步
>
> 多筆債務不該成為壓垮家庭的枷鎖，而應是財務規劃中可以管理與重整的對象。透過制度性的支持與專業的信用仲介服務，不僅有機會降低總利息與每月壓力，更能協助個體重新建立財務自信。從破碎中重整秩序，是邁向財務自由的第一步。

■第五章　債務整合與資產重構：現代家庭的財務再平衡工程

第二節　善用房貸再融資：從美國房利美操作原則學理債策略

房貸壓力下的理債選項

在家庭財務結構中，房屋貸款常是最龐大且影響長遠的債務類型。根據 2024 年臺灣中央銀行統計資料，平均房貸占家庭總支出的比重達 34%，在雙薪家庭中尤為明顯。當利率調升、收入變動或家庭結構改變（如生育、失業、離婚）時，房貸壓力成為理財策略的關鍵考量。

再融資（refinancing）即是一種以新貸款條件取代原有貸款的方式，目的在於降低利率、延長還款年限或改變貸款結構。此策略若操作得宜，不僅能減輕每月壓力，更能優化家庭資金配置，甚至釋出現金流用於投資或其他債務整合。

美國房利美制度簡介：穩定市場與保護借款人

房利美（Fannie Mae, Federal National Mortgage Association）為美國聯邦政府支持企業（GSE），自 1938 年設立以

第二節　善用房貸再融資：從美國房利美操作原則學理債策略

來,主要任務為穩定住宅抵押市場、促進中產階級住房融資可得性。其操作原則深深影響美國的房貸再融資市場,提供值得借鏡的理債機制與策略。

房利美主要透過以下方式參與再融資體系:

(1) 標準化貸款條件:制定全國一致的再融資評估標準,提升金融機構間的一致性與透明度。

(2) 鼓勵可負擔再融資:對信用良好但房屋價值下跌的借款人,提供特殊條件再融資機會,避免資產凍結。

(3) 支援現金回收型再融資:允許借款人在維持合理貸款比率下,從房產淨值中提取資金用於其他用途。

(4) 信用風險評估模型應用:運用大量歷史數據進行信用風險建模,協助放款機構制定合理的再融資政策。

透過這些制度設計,房利美穩定了美國再融資市場的風險分布,也讓中低收入者不至於因短期市場波動而喪失自住房產。

理債策略分析:什麼情況適合再融資?

並非所有借款人都適合進行房貸再融資。以下三類情況為再融資的常見與合理時機:

(1) 利率下降：當市場利率比原貸款利率低至少 0.75% 以上，再融資能有效降低總利息支出。
(2) 信用評分提升：原貸款因信用評分偏低而利率高，若個人信用有所改善，可申請利率較低的再融資方案。
(3) 需要釋放資金用途：如裝修、學費、創業等大額資金需求者，可考慮部分現金回收型再融資。

然再融資也有潛在風險，包含申辦成本、提前清償違約金與總償還期延長。因此必須透過總成本比較與現金流模擬進行評估，避免「短期舒緩、長期壓力」的反效果。

實務案例：美國與臺灣的再融資操作比較

以 2022 年美國一位中產階級家庭為例，其原始貸款利率為 4.5%，剩餘貸款金額為 25 萬美元。當市場利率降至 3.25% 時，他們透過房利美批准的放款機構進行再融資。經費用比較後，預計在 27 個月內回本，每月可節省約 310 美元，五年內總利息節省超過 1.8 萬美元。

回到臺灣，2023 年新北市的李先生家庭因第三胎出生，房貸壓力劇增，月還款近 3.5 萬元。他們原房貸利率為 2.12%，透過一家民間信用整合顧問公司協助，與原銀行重新議約後，將利率壓低至 1.88%，期數延長 3 年，並附加

一筆裝潢現金貸款。他們每月負擔減至 2.6 萬元，有效釋出現金流用於育兒與家庭緊急預備金。

臺灣政策建議：
建立在地化再融資平臺與監管架構

目前臺灣雖有再融資機制，但缺乏全國性、制度化的整合平臺。建議仿效房利美模式，強化以下幾點：

◆ 建立公共資訊平臺：集中公告各銀行再融資方案條件與利率供消費者比對。

◆ 推動信用分數通用制度：建立跨行可應用的個人信用風險模型。

◆ 制定借款人權益保障機制：保障再融資過程中的資訊揭露與違約成本透明。

◆ 鼓勵低收入家庭再融資選項：設立特別條件專案，避免房產遭法拍。

■第五章　債務整合與資產重構：現代家庭的財務再平衡工程

> **善用再融資槓桿，為家庭流動性創造空間**
>
> 房貸壓力不應是生活的絆腳石，而應是經濟規劃的工具之一。善用再融資策略，不只是降低利息，更是重新設計家庭財務動能的契機。借鏡房利美的制度經驗，臺灣若能導入更多元透明的再融資機制，將有助於家庭在不確定的經濟環境中維持彈性與安全感。

第三節　債務雪球法與債務雪崩法：數學模型與行為反應比較

從被動償還到策略選擇：兩種常見的還債方法

對多筆債務纏身的家庭與個人而言，該從哪一筆開始還，是一個既現實又心理性的選擇。過去多數人傾向「有錢就還」的隨機方式，但研究顯示，有系統的還款策略不僅能減少總利息支出，更能提升還債持續性與成功率。其中最常見的兩種方式即為「債務雪球法」（Debt Snowball Method）與「債務雪崩法」（Debt Avalanche Method）。

兩者的核心差異在於優先順序：雪球法以金額最小者先還，雪崩法則以利率最高者優先處理。這兩種策略分別反映出心理學與經濟學對人類決策行為的不同理解與出發點。

債務雪球法：從成就感中創造動能

債務雪球法由美國理財作家戴夫‧拉姆齊（Dave Ramsey）大力推廣，其操作流程如下：

■第五章　債務整合與資產重構：現代家庭的財務再平衡工程

(1) 將所有債務依金額從小到大排序；
(2) 除最低還款額外，將所有可支配資金集中於最小債務；
(3) 最小債務清償後，將原本用於該筆債務的金額轉移至下一筆。

此方法最大的優點在於快速產生「還清一筆」的心理回饋，透過正向成就感提升持續動機。行為經濟學者認為，此法雖非數學上最省利息的方式，卻符合「小勝利效應」（small win effect），能有效降低財務焦慮與拖延行為。

債務雪崩法：以數學最優解為導向

雪崩法則依據利率高低排序債務，優先清償高利率債務，邏輯上能最大化利息節省。其步驟如下：

(1) 債務依利率從高到低排序；
(2) 優先償還最高利息者；
(3) 每清償一筆，再轉向次高利率債務。

這種方式能在長期減少負擔，尤其對於高利息信用卡與民間借貸者效果顯著。根據麻省理工學院（MIT）一項2021年模擬研究，採用雪崩法可比雪球法平均減少8%～15%的總利息支出。

第三節 債務雪球法與債務雪崩法：數學模型與行為反應比較

心理與行為反應的比較分析

然而，選擇哪種策略不僅是數學題，更是心理與行為的互動過程。美國行為金融學者丹‧艾瑞利（Dan Ariely）指出，財務決策多非理性，而是受感受、信念與認知偏誤所引導。以下為兩法的心理反應比較：

項目	雪球法	雪崩法
起步動機	高，立即有成就感	低，初期看不到明顯成果
堅持率	高	中至低，易中斷
利息總額	高	低
適合對象	情緒性壓力大、需立即動能者	理性高、自控力強者

換言之，雪球法重在情緒調節與動機維持，雪崩法則偏向成本效益與數學最優解。

實務個案：從理性到務實的混合應用

陳婉婷（化名）是一位科技業工程師，因父母醫療費用與車貸而背負五筆債務。她最初依利率進行雪崩法還款，卻在第三個月感到進展緩慢而產生挫敗，導致她中斷還款計畫。

經理財顧問建議，她改採「混合策略」：

■第五章　債務整合與資產重構：現代家庭的財務再平衡工程

◆　將最小金額的車貸先還清，產生心理成就感（雪球法）
◆　接著轉向利率最高的信用卡（雪崩法）

此方式讓她在情緒與效益間取得平衡。半年內，她清償兩筆債務，信心大增，並持續記帳與與顧問檢視財務進度。

整合應用建議：策略要貼近生活節奏

實務上，建議債務人根據自身性格與生活壓力選擇策略：

◆　若容易受情緒干擾、需快速看到成果者，採雪球法；
◆　若能理性面對債務結構並具備長期規劃能力者，優先考慮雪崩法；
◆　在兩者中取「心理起步」與「利息節省」之中道者，可嘗試混合策略。

此外，搭配月度財務回顧、圖像化還債進度圖與家庭支持系統，可進一步提升執行力與持續性。

第三節　債務雪球法與債務雪崩法：數學模型與行為反應比較

還償策略不只關乎利率，
更關乎你怎麼走得下去

債務清償的本質，是一場自律與希望的旅程。選擇適合自己的方法，不只是理財技巧，更是一種理解自己行為模式的過程。無論你走的是雪球、雪崩或中庸之道，只要能讓你持續前行，那就是最好的策略。

■第五章　債務整合與資產重構：現代家庭的財務再平衡工程

第四節　資產負債表重整法：家庭資產規模優化策略

家庭資產負債表：
不只是財報，而是生活寫照

　　資產負債表（Balance Sheet）是企業管理財務的核心工具，但在個人與家庭理財領域，這份表單往往被忽視或簡化。事實上，家庭的資產負債表不僅是一份靜態報表，更是一種反映生活價值與風險容忍度的動態思維。

　　根據2024年《經濟學人》針對亞太地區家庭財務行為的調查指出，超過58％的中產階級家庭無法清楚列出自身資產與負債細節，其中三成家庭誤估資產淨值高於實際金額。這種「財務模糊地帶」導致財務決策常建立在錯誤基礎上，無法有效優化家庭資源分配。

　　因此，建構並定期重整家庭資產負債表，是掌握現實、制定財務行動方案的第一步。

第四節　資產負債表重整法：家庭資產規模優化策略

資產負債表重整三步驟：
盤點、分類與調整

重整家庭資產負債表的實務流程可分為三個階段：

1. 全面盤點

列出所有資產（如現金、存款、不動產、有價證券、保單現金值、動產）與負債（如房貸、車貸、信用卡、親友借款），確保無遺漏。

2. 風險分類與比重檢視

依照資產流動性與風險高低，分類為高流動低風險（如現金）、中等風險資產（如債券、保單）、高風險資產（如股票、加密貨幣）。負債則依利率與償還期限分級，辨識短期壓力點。

3. 比例調整與資源重組

針對資產配置過度集中或負債比過高者，透過資產轉換、再融資或削減開銷等方式調整，使資產負債比（Net Worth Ratio）趨向穩定與可持續發展。

這樣的重整過程應每半年或每次重大事件後執行一次，確保家庭財務在變動環境中持續貼合目標與現實條件。

第五章 債務整合與資產重構：現代家庭的財務再平衡工程

資產負債健康指標：三項關鍵比率

以下三項比率為評估家庭財務健康的重要參考：

- 負債占資產比（Debt-to-Asset Ratio）：理想值為 40％以下，過高代表資產多為負債所驅動，風險增加。
- 流動性比率（Liquid Asset Ratio）：流動資產與三個月生活支出的比值，建議高於 1，確保短期風險可控。
- 固定支出比（Fixed Expense Ratio）：每月固定支出占總收入比重，建議不超過 50％，避免過度依賴固定現金流。

這些指標不只是數字，而是幫助家庭檢視「我們的生活架構是否健康、具備應變能力？」的診斷工具。

個案研究：臺灣家庭的資產負債重組實務

臺北一對雙薪夫妻，育有兩子，年收入合計 180 萬元。原先他們自認「經濟無虞」，但在接受非營利理財顧問組織分析後，才驚覺資產負債結構高度失衡：

- 資產 90％集中於自住房產，流動性極低；
- 信用卡循環與車貸累積超過 50 萬元；

- 保單未納入實際現金值盤點；
- 無備妥急難金，固定支出達月收入 63％。

在顧問建議下，他們展開以下重整計畫：

- 申請房貸再融資降低利率並延長期數；
- 出售車輛改搭交通工具，清償車貸；
- 精簡開銷，設立緊急預備金專戶；
- 將定期保單納入資產清單，活化資源。

一年後，他們資產負債比從 68％降至 44％，現金流壓力顯著改善，也首次建立起全家的年度理財目標與監控表格。

資產負債表不只是財務工具，而是人生規劃的起點

若我們把資產視為人生的成果，而負債視為未來的承諾，那麼資產負債表就是你如何在現實與夢想之間拿捏平衡的畫布。它既是管理財富的工具，更是思考價值、風險與選擇的鏡子。每一次重整，都是一場與自己對話的旅程。

■第五章　債務整合與資產重構：現代家庭的財務再平衡工程

重整的不是數字，是你對生活的掌握感

家庭財務的穩健，來自於持續對資源流動的覺察與調整。透過定期資產負債重整，不僅能讓生活遠離危機，更能主動設計未來的彈性空間。看見自己真正擁有什麼、欠了什麼，也才有力量去決定，下一步，要往哪裡走。

第五節　如何設立國際版的緊急預備金制度？

危機來臨前的防線：
緊急預備金的功能與必要性

　　緊急預備金（Emergency Fund）是個人與家庭財務韌性的第一道防線，亦是實踐財務自由前不可或缺的基礎。根據美國聯邦儲備系統（Federal Reserve）於 2023 年所發布的消費者財務能力調查，有超過 32% 的美國成年人無法負擔 400 美元的緊急支出。同樣在亞洲地區，日本金融服務廳調查顯示，高達 28% 的家庭無備有任何形式的應急資金。

　　這些數據反映出，即使在成熟經濟體，財務風險管理的基礎工仍嚴重不足。緊急預備金的存在價值，不僅是金額的累積，而在於其可即時動用、避險與情緒穩定功能。它讓人們在突發事件（如失業、醫療事故、重大維修或家庭變故）發生時，能免於動用高利貸款或清算長期投資，維持財務與心理的平衡。

■第五章 債務整合與資產重構：現代家庭的財務再平衡工程

預備金金額計算原則：
從「風險等級」與「生活型態」出發

　　一個健康的緊急預備金制度，應依據個人或家庭的風險暴露程度與現金流結構調整，而非一體適用。以下為國際財務顧問常用的三項設計原則：

(1) 月支出倍數法：以每月基本生活支出（非總收入）為基礎，預備金建議累積 3 ～ 6 個月；若為不穩定收入者，應提升至 9 ～ 12 個月。

(2) 職業風險考量法：若職業屬於高風險、合約制或創業者，預備金應適度加碼，考慮職涯中斷與醫療自費機率。

(3) 家庭責任比重法：扶養成員愈多、家庭醫療支出或子女學費負擔高者，預備金基數需更高。

　　舉例來說，一位居住於臺北市、家庭每月必要支出為 6 萬元的雙薪家庭，若無特別風險，基本建議準備 36 萬至 72 萬元緊急預備金；但若其中一方為接案者，應提升至 90 萬元以上。

國際經驗借鏡：
美國、英國與新加坡的預備金制度

美國

多數財務顧問建議預備金存放於利率相對穩定的線上高收益儲蓄帳戶（High-yield savings account），並搭配財務自動轉帳系統。另有非營利組織如 Smart About Money 推行「階段式應急基金」模型，從 1,000 美元起步，逐步遞增。

英國

英國國民儲蓄與投資機構（NS&I）推出 Premium Bonds 等工具，兼具應急性與微幅報酬。英國財務教育協會推廣「三層現金池」法，分為每日開銷、臨時支出與中期安全金三個帳戶。

新加坡

新加坡政府推動 CPF（中央公積金）制度，強調醫療與退休保障外，也設有 Medisave 作為醫療應急資金來源。部分私人銀行設有 Rainy Day Fund 專戶設計，協助中產以上家庭建立專屬緊急預備帳戶。

這些制度共通點為：高流動性、低風險、制度化儲蓄機制與行為誘導（如自動化、預扣式轉帳）。

■第五章　債務整合與資產重構：現代家庭的財務再平衡工程

臺灣在地化設計建議：
建立家庭緊急預備金模組化系統

根據臺灣主計總處與財團法人金融消費評議中心資料，臺灣家庭平均存款約 90 萬元，但分布不均，且多數未明確區分用途。若要推動全民緊急預備金制度，建議採以下設計原則：

◆ 模組化預備金架構：區分為「基礎生活模組」、「健康醫療模組」、「家庭責任模組」，依家庭特性彈性設計。

◆ 結合 App 自動化機制：如將薪資自動分配至應急帳戶（薪轉拆帳）、設定目標進度條與提醒功能。

◆ 保單與定期儲蓄整合：部分保單具有保單價值準備金，可納為中期預備金資源，但應搭配高流動性資金。

◆ 政府與社區推廣機制：由金融監理機構設計指導性工具表單，結合社區財務教育課程進行實作指導。

這樣的制度既能幫助中低收入家庭穩定財務風險，也可提升整體國民的財務韌性與危機應對信心。

第五節　如何設立國際版的緊急預備金制度？

> **預備金不是「多存點錢」，**
> **而是一種財務戰備的思維**
>
> 緊急預備金的核心價值，不在於金額的多寡，而是它讓你在生活變動時保有選擇權與行動餘裕。建立一套屬於自己與家庭的應急金制度，是從財務防禦走向穩定成長的必經之路。預備金不是怕未來，而是為未來做好準備。

■第五章　債務整合與資產重構：現代家庭的財務再平衡工程

第六節　財務儀表板工具實作：用 Excel 與 App 監控負債與流動性

從混亂到條理分明：
為什麼每個家庭都該擁有一套財務儀表板？

當你打開手機看健康 App 時，會看到步數、心跳、睡眠時數等數據清楚排列；但當我們談到個人財務，多數人卻無法用同樣清晰的方式掌握自己的負債總額、資金流向與償債進度。這就是為什麼「財務儀表板」(Financial Dashboard)近年來成為家庭理財不可或缺的工具。

財務儀表板是一種視覺化管理系統，能協助用戶即時掌握資產負債狀況、每月收支結構、還款計畫與現金流風險指標。這種工具不僅讓財務資訊透明化，更有助於預測潛在危機、調整財務策略與建立財務韌性。

第六節　財務儀表板工具實作：用 Excel 與 App 監控負債與流動性

儀表板核心指標設計：四大視角的整合

一份實用的家庭財務儀表板，應整合以下四大指標模組：

- 負債概況總覽（Debt Overview）：列出所有負債項目、利率、剩餘本金、每月還款額與剩餘期數，並標示高風險項目（如高利信用卡）。
- 現金流動分析（Cash Flow Tracker）：記錄每月收入、固定支出、變動支出與儲蓄目標，並分析資金流向比例。
- 流動性風險指標（Liquidity Risk Monitor）：即時反映可用現金占總資產比例、緊急預備金進度與未來三個月的財務缺口模擬。
- 償債進度追蹤（Debt Repayment Tracker）：設立還款目標與實際執行圖表，讓使用者清楚看到債務清償路徑與階段性成就。

這些模組可依照家庭需求客製化，並透過顏色標記、百分比圖與時間軸強化視覺理解與行動動機。

■第五章　債務整合與資產重構：現代家庭的財務再平衡工程

實作工具比較：Excel 與 App 的雙軌應用

1. Excel / Google Sheets 的客製自由度高

- 適合具備基本數據能力與想要完全掌控邏輯設計的使用者；
- 優點為可彈性製作專屬模版、加入自訂公式、搭配折線圖與樞紐分析表；
- 缺點為更新需手動輸入，對手機使用者不夠直覺。

2. 財務管理 App 的便利性與整合性

市面上多款 App 提供即時連結銀行帳戶與信用卡，自動分類與統計功能。

常見工具包括：

- 臺灣本地：記帳城市、香草記帳、理財幫手
- 國際推薦：YNAB（You Need a Budget）、PocketGuard、Money Lover、Spendee

App 適合需要「無痛記帳」、重視視覺設計與行動裝置優化的用戶，但限制為架構固定、難以完全客製。

最佳實務建議為：以 Excel 建立總體架構＋App 補足日常記錄與提醒功能，雙軌並行既保有彈性又提高效率。

第六節　財務儀表板工具實作：用 Excel 與 App 監控負債與流動性

個案實踐：財務儀表板如何改變生活

林育全（化名）是一位建築工程師，因接案不穩、又同時承擔房貸與車貸，過去幾年總覺得錢「莫名其妙就花光了」。他在 2023 年開始學習製作家庭財務儀表板，從 Excel 建立每月現金流統計，並結合 Spendee 進行即時消費記錄。

短短半年，他發現固定支出中有近一萬元是可調整的習慣性支出（如外食、非必要訂閱），於是刪減支出並優化貸款結構，將每月償債率由 67% 降至 48%。他說：「我第一次感受到，財務不是壓力，而是一套可以調整的系統。數據讓我重新掌握生活。」

推動家庭財務數據文化：從個人到社區的集體實踐

在推動全民財務素養提升的過程中，建立財務儀表板不僅是個人行動，更應成為社區與教育體系的一部分。建議未來政策設計考慮：

- ◆　國民理財教育教材納入儀表板製作訓練；
- ◆　公部門或非營利組織提供儀表板模板與教學資源；

第五章 債務整合與資產重構：現代家庭的財務再平衡工程

◆ 企業提供員工財務儀表板課程作為員工關懷福利。

當每一個人都能「看見自己錢的流向」，我們將擁有一個更具韌性的社會經濟結構。

> **數據讓你自由：**
> **視覺化財務就是掌控未來的第一步**
>
> 財務管理不該只是記帳，而是擁有一套能「看見自己現況、預測風險與調整行動」的系統。財務儀表板的核心價值，在於把混亂變成清楚，把焦慮變成選擇。當你看得清楚，你就有了改變的可能。

第七節　透過 ETF 與分散式投資降低負債資金風險

財務槓桿不是原罪，重點在於如何用得精準

當面臨負債壓力時，大多數人的直覺反應是「盡快還清」、「不要投資」。但財務規劃的核心思維並非全然避險，而是透過適當風險配置，將手中資源最大化應用。特別是在利率偏低或通膨升溫的環境下，若能運用餘裕資金進行低風險分散投資，甚至可以反向抵銷部分負債成本。

在這樣的策略中，ETF（Exchange-Traded Fund，指數股票型基金）因其低成本、高流動性與主題彈性，成為管理負債資金風險的理想工具。透過 ETF 進行分散式投資，能有效調節現金流動性、增強資產流動性安全網，同時避免將資金鎖定於單一標的或高波動標的。

ETF 作為負債資金緩衝池的五大優勢

(1) 低費用比與進出彈性：相對於共同基金或單一股票，ETF 的管理費與交易成本更低，適合小額、分批投資者。
(2) 高透明度與標的明確：多數 ETF 會追蹤特定指數（如 S&P 500、臺灣加權指數、REITs 等），使投資風險與報酬更容易預期與衡量。
(3) 主題多元，適應生活週期：從高息債券、基礎建設到 ESG 主題型 ETF，投資人可依自身財務目標與風險承受度進行配置。
(4) 流動性高，應急變現能力佳：ETF 可即時在市場交易，作為預備金池的輔助儲備。
(5) 適合自動化與定期定額策略：搭配薪資分配、自動轉帳系統，有助於穩定長期報酬並降低情緒性投資錯誤。

ETF 配置策略：資產負債搭配模型

有效的 ETF 投資需與債務特性配合，才能發揮風險調節功能。以下為三種常見負債場景與建議 ETF 配置方式：

第七節　透過 ETF 與分散式投資降低負債資金風險

1. 高利息短期負債（如信用卡、民間借貸）

應以清償為優先，投資僅限於極低風險、短天期債券 ETF 或貨幣市場 ETF（如 BIL、美國短期國債 ETF），避免資本虧損。

2. 中期負債（如車貸、家電貸款）

可搭配高配息穩定型 ETF（如 VT、VIG、0056）作為「被動現金流補強」，達到部分避險效果。

3. 長期負債（如房貸）

可適度配置成長型 ETF，如 S&P 500、全球科技主題型 ETF（如 QQQ），作為資產增值主軸。但建議比例不超過總資產配置的 30%。

核心原則為：不以投資收益預期支付固定負債，但透過保守增益降低債務壓力，並提升資產效率。

個案實作：從月光族到資產成長者的 ETF 策略

許哲偉（化名）是一位 35 歲的公務員，長期為信貸與房貸所困，常常「月初滿倉、月底清空」。他在 2022 年接觸 ETF 後，開始進行每月定期定額投資，將薪資中的 10% 配

■第五章　債務整合與資產重構：現代家庭的財務再平衡工程

置至元大臺灣高股息 ETF（0056）與美國債券 ETF（BND）。

一年後，他累積投資金額近 12 萬元，平均年報酬達 6.3%，每月配息穩定約 600 元。雖非龐大收益，但此筆資金讓他逐漸建立財務自信，也開始針對其信用卡債進行償還計畫，避免滾利惡性循環。他分享：「原來負債狀態也能投資，只要有計畫、有紀律，財務不是非黑即白。」

臺灣應用與政策推動建議

目前臺灣 ETF 市場成熟，涵蓋股權、債券、產業與跨國主題，且多數設計具備小額進場門檻，適合一般家庭與小資族使用。建議從以下方向進一步推廣其在家庭財務策略中的角色：

- ◆ 由銀行或金管會提供「ETF 債務風險對應模型表」，讓民眾清楚了解不同 ETF 對應不同債務類型的風險比。
- ◆ 開設免費入門教育課程與 App 模擬交易平臺，讓民眾在不承擔實際風險下建立投資邏輯。
- ◆ 推動「薪資預扣制 ETF 投資計畫」，由企業協助員工透過薪轉分流參與定期定額投資，強化長期財務健康。

投資不是奢侈,是策略性財務防禦

面對債務與不確定的未來,投資不是逃避責任,而是強化選擇權的方式。透過 ETF 這類高效率工具與分散式投資策略,我們能在有限資源中建立穩定的現金流與資本保值結構。關鍵不在於「是否負債」,而是「如何讓債務在可控之下,被資產策略反轉主導權」。

■第五章　債務整合與資產重構：現代家庭的財務再平衡工程

第八節　轉化債務為資產的三種常見策略

觀念翻轉：債務不是敵人，而是槓桿工具

在大多數人的印象中，債務是沉重的包袱，是壓力與風險的來源。然而在財務思維更進一步的觀點中，債務其實可以是一種創造資產的槓桿工具。關鍵在於：債務是否能產生正現金流，並帶來資產增值效果。

正如《富爸爸，窮爸爸》作者羅伯特・清崎（Robert Kiyosaki）所言：「真正的投資者懂得如何用別人的錢創造自己的資產。」換句話說，債務與資產之間的界線，並非由形式決定，而是由現金流與資產價值成長所定義。

以下介紹三種常見的「債轉資」策略，適合具備基本理財能力與風險意識的個人或家庭參考。

策略一：租金抵貸型房貸 ——
以不動產槓桿創造現金流

臺灣不少家庭擁有不動產資源，但未必用於產生現金流。若將房屋作為出租用途，搭配房貸融資，即可建立穩定的現金流系統。例如：

購入一間總價 800 萬元、貸款 640 萬元的不動產，月貸款約 27,000 元，若每月租金可達 35,000 元，則每月產生 8,000 元正現金流。

這種方式需謹慎評估地段、空屋率與租金報酬率，並需納入稅務與維修成本。但若操作得當，不僅貸款不再是壓力來源，還能創造正向資產流。

此外，部分青年創業或 SOHO 族也可將自有住宅部分空間轉作工作室出租，實現空間資源轉化效益。

策略二：教育型債務配置 ——
用高報酬知識轉化貸款價值

許多人成長過程中被灌輸「不要為學貸背負人生」的觀念，但在知識經濟時代，教育貸款若配置得宜，反而能帶來職涯跳躍性成長與資產效益。

■第五章　債務整合與資產重構：現代家庭的財務再平衡工程

　　2022 年美國教育經濟學會研究指出，擁有碩士以上學歷者，平均年收入較大學畢業者高出 47%，並在職涯前十年更容易累積可觀儲蓄與投資本金。

　　林芷妤（化名）以學貸進修 AI 工程碩士，雖每月須還款 6,000 元，但轉職後薪資由月薪 45,000 元提升至 90,000 元，六個月內回收學費成本，並開始定期投資 ETF。

　　教育型債務的關鍵在於「投資回本期評估」與「學成後財務規劃」，只要報酬明確，則此類債務本質上已轉為生產性資產。

策略三：創業型債務槓桿 ——
以控制權換現金流主導權

　　創業是一種高風險行為，但也可能是資產快速累積的轉折點。許多創業者初期會運用信用貸款、小額創業貸款或親友資金啟動業務。若能將債務有效投入於具現金流潛力的事業模型，便能逐步將債務轉為資產。

　　蔡威廷（化名）2020 年以青年創業貸款 100 萬元開設複合式咖啡書店，前半年月虧損，第二年起穩定營收達 25 萬元，淨利約 5 萬元，三年內清償本金並開設分店。

第八節　轉化債務為資產的三種常見策略

創業型債務轉化關鍵包括：

◆ 預估盈虧平衡點時間 (break-even point)
◆ 管理現金流與備援資金池
◆ 建立 SOP 系統提升營運效率

但需特別留意：若創業僅為逃避就業而無明確商業模型，反而可能放大債務風險。

結合策略的混合應用思維：
資產與債務的角色動態調整

上述三種策略不一定相互排斥，實務中可視為不同階段的配置方式。譬如：

初期以教育型債務提升薪資能力→建立租金型被動收入→累積資本進行創業擴張

此外，財務顧問常建議債務結構應保持在「總負債占總資產比」不超過 50%，並搭配現金流預估模型，才能避免策略轉化中的資金斷鏈。

■第五章　債務整合與資產重構：現代家庭的財務再平衡工程

> **當你開始主動運用債務，**
> **你也開始主動創造資產**

債務不該只是壓力的代名詞，它也可以成為創造資產與現金流的起點。關鍵在於你是否願意學會「讓債務為你工作，而非你為債務奔波」。掌握這三種債轉資策略，讓我們在負債之中，重新定義財務的主動權與人生的成長曲線。

第九節　財務規劃中的稅務配置：歐盟、美國、亞洲地區案例對照

財務自由不能忽略的關鍵構面：稅務規劃

許多人對財務自由的想像是「擁有足夠的被動收入」，但真正達到財務自主的人都明白，稅務規劃是整體財務藍圖中極為關鍵卻最容易被忽略的一環。從資本利得稅、遺產稅、投資所得稅到房地產交易稅，每一筆支出與收入背後都有其稅務影響。有效的稅務配置不只是節稅，更是風險管理與資產成長的策略核心。

根據 2024 年 KPMG 全球個人財稅趨勢報告，約 65％的高資產家庭將稅務顧問納入其財務團隊，而新興中產階級也逐漸重視「合法節稅」與「跨境稅務」的系統規劃。稅務不再只是報稅季的煩惱，而是可透過配置策略創造價值的關鍵環節。

■第五章　債務整合與資產重構：現代家庭的財務再平衡工程

歐盟模式：家庭信託與跨國資產配置

在歐洲多數國家，稅制相對嚴謹但具彈性，許多中高收入家庭會透過家庭信託（Family Trust）與投資公司（Holding Company）進行資產分層。

以德國為例，家庭可透過設立 GmbH（私人有限公司）持有資產與投資工具，並利用公司稅優於個人稅的結構進行利得再投資。

瑞士、盧森堡等地則常作為資產過戶或家族信託中心，透過特別目的載體（SPV）降低繼承與贈與稅衝擊。

此外，歐盟對於「稅務居民」與「經濟實質」審查嚴格，必須配合金融行為透明與反避稅條款。因此，歐洲策略強調合規與制度內節稅，而非迴避。

美國制度：IRA、401（k）與資本利得稅結構

美國是全球稅務制度設計最複雜、但工具最多元的國家之一。常見策略包含：

(1) 退休帳戶配置：使用傳統 IRA 或 Roth IRA，分別享有延稅或免稅成長優勢；搭配 401（k）配息與雇主對帳策略，進行長期資產累積。

(2) 資本利得稅級距規劃：長期投資超過一年可享較低稅率，若搭配標的輪動與持有期間調整，可降低稅務成本。
(3) 房產投資稅務盾牌：利用折舊扣除與 1031 交換法案進行資產置換，延遲繳納資本利得稅。

這些策略多依賴專業稅務顧問協助操作，並強調「利用制度創造稅後報酬最大化」。美國近年也強調高資產透明度，FATCA 條款促使國際資金流動需同步調整稅務資料。

亞洲地區案例：
臺灣、新加坡與日本的策略概覽

臺灣

稅制設計偏向「源泉課稅＋分離課稅」混合模式，投資所得稅率固定20%，股利所得可選擇合併計稅或分開課稅。2023 年《房地合一 2.0》強化短期房產稅率，促進長期持有。

家庭常見策略為：利用保單保值（壽險可延遲課稅）、轉為信託工具避免遺產稅過高、運用夫妻贈與免稅額分年分批規劃。

第五章　債務整合與資產重構：現代家庭的財務再平衡工程

新加坡

奉行低稅制，無資本利得稅與遺產稅，吸引高資產人士落籍。投資報酬多以海外所得入帳，個人所得稅採邊際級距制，最高僅 22％。企業與個人可利用 SRS（Supplementary Retirement Scheme）進行節稅儲蓄。

日本

稅率雖高，但提供多項定額免稅投資工具，如 NISA 帳戶（免稅投資上限每年 120 萬日圓）與 iDeCo 個人退休金制度。高淨值家庭常透過保單與不動產信託進行資產傳承稅務優化。

建立家庭稅務配置架構：從被動報稅到主動策略

財務稅務規劃不該只在報稅季匆忙進行，而應列入年度財務檢視計畫。以下為建立家庭稅務配置的基本架構：

- 盤點資產類型與所得來源（利息、租金、股利、資本利得等）
- 設計報稅身分結構（單身、夫妻合報、公司法人、信託）

第九節　財務規劃中的稅務配置：歐盟、美國、亞洲地區案例對照

- 選擇適當載體工具（保單、退休帳戶、基金、公司架構）
- 與專業顧問討論跨年節稅方案（如年底前贈與、跨期收入確認）

透過上述系統思維，家庭可以從單純報稅義務者轉化為「稅務效率管理者」，提升整體財務配置效益。

> **稅不是負擔，而是可以設計的制度變數**
>
> 在高度資訊透明與跨境資金流動迅速的時代，唯有主動理解與善用稅制，才能讓你不再為稅所困，而是為稅所用。當你能把稅務也納入財務策略之中，你就不只是報稅者，而是財務系統的設計者。

■第五章　債務整合與資產重構：現代家庭的財務再平衡工程

第十節　構建自己的債務管理系統：不依賴命運、不仰賴親人

為什麼我們需要一套「屬於自己的」債務管理系統？

在面臨財務困境時，許多人習慣性地尋求親人援助、刷卡週轉或短期協商方案以圖一時之解。然而，這些方式多半只是暫時舒緩現狀，並未從根本上解決結構性財務問題。真正能長期支撐生活與目標達成的，是一套兼具「預測性、調整力與持續性」的債務管理系統。

這裡所說的「系統」，並非單一的帳務 App 或理財表格，而是包括了資訊整理習慣、金流控管流程、心理耐受練習與行動反饋機制在內的整體架構。唯有建立出屬於自己的規則與操作節奏，才能從「求生式應對」轉為「主動式治理」。系統不依賴外援，也不等待命運翻盤，而是從你自己的意識與選擇出發，讓財務狀況逐步回歸掌控之中。

第十節　構建自己的債務管理系統：不依賴命運、不仰賴親人

系統元件一：債務地圖與清單化紀律

成功的系統來自於徹底的認識現況。首先，需建立一張詳細的債務地圖，內容包括：

◆ 所有債務的來源（例如：信用卡、學貸、醫療費、親友借款等）；
◆ 每筆債務的金額、利率、每月最低還款與實際還款、還款期限與違約金風險；
◆ 標記「情緒負擔高」的債務，例如來自熟人的壓力或關係緊張的借款。

這些資料不僅幫助你了解總負債的規模，更可視覺化風險分布與資源集中點。清單化的關鍵是要「維持紀律」，可使用 Google Sheets 或 Notion 進行雲端化管理，並設立每月一次的「財務檢視日」。這樣的行為不只是整理，更是對財務現況誠實面對的練習。

系統元件二：月度資金模擬與現金流預測

很多人跌入債務深淵的原因，不是收入不足，而是資金調配的節奏失衡。為此，建立一套視覺化的現金流模擬表格

■第五章　債務整合與資產重構：現代家庭的財務再平衡工程

是極為必要的行動：

- ◆ 確認所有收入來源（主職、接案、副業、政府補助、退稅等）；
- ◆ 劃分支出結構為：固定支出（房租、學費）、必要彈性支出（交通、醫療）、可裁減彈性支出（娛樂、餐飲）；
- ◆ 每月預測可動用資金、可償債金額與餘額評估。

進階者可建立三個月滾動式預測表，並在每月底預判下月現金缺口。這樣的練習能大幅降低突發性資金不足風險，讓「破產」的可能轉為「調整」。預測不是迷信，而是你對未來擁有更多選擇的起點。

系統元件三：行為心理干預模組

金錢管理從來都不只是技術問題，它深深連結著個人認同、自我價值與情緒管理能力。當債務壓力過重，常見的行為反應包括拖延、消極、憂鬱與報復性消費。為此，系統中需設置「心理自我對話」的空間：

- ◆ 建立情緒書寫儀式：每天用三分鐘書寫一件與財務壓力有關的感受，逐漸讓情緒具象化並減壓；

- 使用情緒標籤表（如「憤怒」「羞愧」「挫折」）標示每日情緒狀態，理解自己與金錢的情感連繫；
- 建立自我安撫語句庫，例如「我值得從壓力中恢復」、「我的行動正在幫助我前進」，取代內化批評。

此外，債務支持社群或小型互助會是極佳的反思平臺，既有群體支持，也可透過觀察他人經驗轉化自我。

系統元件四：危機預備模組與情境應對流程

真正成熟的債務管理，不是「絕不出錯」，而是「預知錯誤後的回應速度」。為此，系統中應設計「危機模擬流程」：

- 設立至少兩個月最低還款總額的緊急備用資金專戶，避免因突發支出而違約；
- 訂立「情境分級策略」：例如收入減少 10%、支出突然增加兩萬時的應對選項，包括：減項支出順位表、信用卡最低還款協商模板、銀行展延備案等；
- 建立「協商與重整流程腳本」，包含與債權人聯絡流程、預擬對話內容與談判底線。

■第五章　債務整合與資產重構：現代家庭的財務再平衡工程

這些「未來準備」不僅能讓自己不被恐懼綁架，更能在危機中迅速反應，減少長期損害。

案例實踐：從崩潰邊緣到自我治理的真實歷程

王郁真（化名）是一位 33 歲的文創工作者。由於創業失利與家庭醫療費用激增，她在不到一年內累積了接近百萬元的債務。初期她採取被動應對：延遲還款、與朋友借錢、刷卡循環利滾利，同時陷入憂鬱與社交退縮。

一次因緣際會參與市府舉辦的「債務復原力課程」，她首次接觸到「自己也可以建立系統」的想法。她回家後用 Excel 整理所有債務與支出，設定每週一次的「債務檢視夜」。她也透過 App 進行每日情緒與花費連動記錄，甚至開始參與線上債務互助小組，從他人的故事中獲得療癒。

兩年後，她不僅還清近 80％債務，更成立自己的接案平臺並獲得政府創業補助。她說：「系統讓我明白，我不是欠錢的人，我是正在努力重建的人。」

第十節　構建自己的債務管理系統：不依賴命運、不仰賴親人

結束依賴，是你開始信任自己的證明

財務的主權從不是一夜之間奪回，而是從每一次記錄、每一份預測、每一場對話開始的。當你選擇建立一套屬於自己的債務管理系統，你也選擇了不再依賴運氣與別人，而是信任自己、調整自己並帶領自己。

在這樣的系統中，債務不再是絆腳石，而是一面鏡子，讓你照見自己的行為與選擇。而當你願意照見，你就有改變的起點。

# 第五章　債務整合與資產重構：現代家庭的財務再平衡工程

第六章
永續財務規劃：
預借未來的自由而不是束縛

■第六章　永續財務規劃：預借未來的自由而不是束縛

第一節　富人與中產最大的財務思維差異

錢的問題，不只是錢的問題

我們習慣把財務問題當成收入問題，但真正影響個人與家庭財務命運的，往往不只是收入多寡，而是背後的財務思維與行為決策機制。所謂「思維」，是人們對金錢的態度、理解與運用策略。這種觀念的差異不僅展現在日常消費與儲蓄習慣上，更深植於一個人對風險、槓桿、時間價值與資產配置的本質認知之中。

根據美國財務顧問湯瑪士・史丹利（Thomas J. Stanley）在其著作《鄰家的百萬富翁》中的研究，富人與中產階級最根本的差異，不在於起薪與教育程度，而在於他們對財務成長模型的整體理解與應用能力。富人習慣以「思維槓桿」操控資金與時間，打造可持續擴張的資產結構；而中產階級則多半停留於「收入換支出」的單線條財務模式，陷入穩定但難以突破的現金流輪迴。

第一節　富人與中產最大的財務思維差異

思維一：從「收入導向」到「資產導向」的轉變

中產階級傾向用穩定勞動換取收入，因此關注的焦點集中於月薪高低、年終獎金是否穩定、是否在「好公司」任職。這類模式的核心是「單一主動現金流」，其風險在於一旦遭遇職涯變動、產業衰退或身體健康問題，整體財務架構立即陷入斷裂。

反觀富人，則將「資產」視為財務自由的主體。他們不依賴單一收入來源，而是打造「多元現金流」體系，例如：

◆ 長期持有出租不動產建立穩定租金收入；
◆ 投資股利型 ETF 與債券型基金累積資本性收入；
◆ 設立小型公司以營收方式轉換原本的勞動收入性質，並可進行稅務優化。

這種從收入導向到資產導向的思維改變，使得富人能用「系統」產生現金，而非用「時間」累積金錢。

思維二：從「恐懼風險」到「配置風險」的習慣

中產階級在接觸風險性資產時，往往先問：「會不會賠？」、「萬一失敗怎麼辦？」這類問題反映的不是理性判

■第六章　永續財務規劃：預借未來的自由而不是束縛

斷，而是對風險的根本恐懼。他們更偏好保守理財工具，像是儲蓄型保單、定存或保本基金，即便長期報酬率低於通膨。

富人則理解「沒有風險就沒有成長」，並將風險視為資產配置的一部分。他們善於運用以下策略調控風險：

◆ 分散式投資：資產配置於不同標的（股票、債券、房產、創投）。
◆ 損失控制策略：設定止損機制與再投入節奏。
◆ 資產保全機制：利用信託、法人架構與保險建立資產防火牆。

這種「風險不迴避，而是系統管理」的習慣，使得富人更能抓住市場轉折時的機會點。

思維三：從「消費自我肯定」到「延遲享受與資本再投入」

在消費文化高度發達的當代，中產階級更容易受到廣告與社交媒體影響，將財富視為身分認同的證明。透過購買高價車、名牌服飾、裝潢房屋來展現「成功」形象。

富人則普遍具有「延遲滿足能力」，這是心理學家華特‧米歇爾（Walter Mischel）所提出的「棉花糖實驗」中強烈預測成功的關鍵變項。他們習慣將盈餘再投入於增值資產，例如購買資本利得潛力高的地產、加碼企業股份、投入創業專案或是長期 ETF 組合。他們不是不享受生活，而是知道「現在享受」會稀釋「未來選擇」的可能。

思維四：從「自己賺自己花」到「組織思維與制度性成長」

中產階級普遍依賴個人能力解決所有財務問題。他們習慣獨力記帳、自己報稅、自行決策投資方向。雖有控制感，但也容易陷入「時間有限＝收入有限」的窘境。

而富人則重視建立「財務團隊」，將財務系統化、制度化。他們的財務決策常包括以下角色：

- 稅務會計師協助規劃節稅方案與申報
- 投資顧問設計長期資產配置與組合回測
- 法律顧問進行資產保護與傳承架構規劃

這些「制度化合作網絡」不僅擴大專業效能，更讓富人得以專注在高價值決策，而非日常瑣事。

■第六章　永續財務規劃：預借未來的自由而不是束縛

思維五：從「償還債務」到「操作債務」

在臺灣，多數人視「無債一身輕」為財務健全的象徵。償還債務被視為首要任務，因此即使貸款利率低，也傾向提早清償、保守行事。

富人則習慣「操控債務而非被債務控制」，關鍵在於：

◆ 利用利差：當資產報酬率＞貸款利率時，持債不清可提高整體淨報酬。
◆ 槓桿擴張：透過資產抵押（如不動產或保單）取得資金進行投資或創業。
◆ 現金流優化：將現金保留於高流動性或高報酬項目，而非償還低成本長期債務。

這並非鼓勵過度借貸，而是學習計算「借得值得」的槓桿值。富人擅長讓債務成為成長的引擎，而非枷鎖。

臺灣現象：思維斷層與跨階級焦慮

臺灣社會在長期教育與政策環境下形成高度儲蓄與低風險偏好文化，多數家庭教育強調「考公職」、「買房子」、「不要亂借錢」。然而，在房價高漲、就業結構鬆動、退休金

第一節　富人與中產最大的財務思維差異

制度不確定的背景下，這些觀念逐漸無法應對新型態財務挑戰。

中產階級面對的不只是財務壓力，更是思維斷層導致的焦慮感。他們在價值觀、工具認知與資源存取上與富人階級產生斷裂，導致即使收入提升，仍難實現財務安全感。

這樣的現象呼籲我們必須在教育層面導入更貼近現實的財務素養訓練，在社區推動小型財務對話課程，讓更多家庭能從制度外尋找可行的成長路徑，而不只是依賴單一成功模板。

真正的財務自由，從思維自由開始

金錢不只是生存的工具，更是選擇的權利。富人與中產最大的差異，不在於帳面數字，而在於對金錢角色的理解與使用方式。從資產導向、風險配置、資金重投、制度合作到槓桿操作，這些思維的轉變將成為走向財務自主的必要路徑。

財務自由的本質不是沒有風險，而是擁有選擇風險的能力；不是存夠錢，而是能設計資金流的信心。當你從中產思維中抽離，走向一個更具整合力與開放性的財務觀時，你的每一筆金錢流動，都將更接近你真正想要的人生。

■第六章　永續財務規劃：預借未來的自由而不是束縛

第二節　如何運用負債在 30 歲前建構你的第一套資產？

財富起點不是存多少，而是如何操作資源

當代年輕人常感嘆：「等我存夠錢再投資吧！」但事實上，通往資產建立的起點，往往並非「先有餘錢」，而是「善用當下資源」的思維與策略。尤其在臺灣這樣房價高漲、薪資成長緩慢的環境下，若只靠純儲蓄進行資產累積，恐怕要等到 40 歲以後才能踏入資產階段。

與其等待，不如理解負債的本質，將其作為啟動資產成長的槓桿。所謂「聰明的負債」，指的是那些可以轉換為現金流、增值資產或能力資本的借貸。只要風險控制得當、報酬明確、還款機制健全，年輕人在 30 歲前使用有限的信貸資源，反而有機會建立人生第一套資產原型。

以下三種策略，正是國內外眾多青年財務自由者實證操作過的負債轉資產模型。

策略一：學貸＋技能轉型＝能力資本

在臺灣，學貸制度普及，但多數人對「學貸」的態度仍偏向羞愧與保守，甚至畢業後優先清償而忽略其潛在價值。事實上，若學貸是用來習得未來可帶來現金流的技能，那它就是「生產性負債」。

以進修數據分析、AI 開發、財務建模、行銷技術等實務技能為例，這些高職能課程的投資報酬遠高於一般文憑。若以每期學費 5 萬元、總成本 20 萬元計算，畢業後只要月收入較過去增加 1.5 萬元，一年半內即可回本，之後即為正現金流。

案例：陳彥宏（化名）25 歲原為行政專員，月薪 35,000 元，運用教育部學貸報名線上資料科學碩士班，畢業後轉職電商資料分析師，年薪突破 80 萬元，學貸五年清償期提前至兩年半。

策略二：青年房貸＋共居出租 ＝不動產槓桿原型

在臺灣「買房＝壓力」的印象深植人心，但其實青年房貸政策與首購貸款機制可讓 35 歲以下族群以低利貸款進

場,若搭配共居出租或半自用半出租策略,便能讓房屋成為資產而非負債。

關鍵在於「區位選擇」與「租金結構設計」。舉例來說:

◆ 購入一間總價 800 萬元、貸款成數 85％、房貸利率 1.9％、每月本息約 27,000 元;
◆ 將兩房一廳出租一房給室友,收租 12,000 元,實際負擔為 15,000 元,約等同租房支出;
◆ 五年後該區房價上漲 10％,資產淨值增加 80 萬元,並已累積部分本金償還。

此策略強調「用住的需求變現資產價值」,並可培養早期資產管理與維修經驗。

策略三:創業貸款＋微型電商或技術接案＝現金流原型

近年來政府推行多項青年創業貸款與小額信用保證機制,特別鼓勵創新經濟、社會企業與數位平臺創業。對許多年輕人而言,從兼職轉型為個人品牌、接案設計師或小規模創業者,常是接觸資本世界的第一步。

若能以創業貸款（例如青創貸款最高 100 萬元，前兩年可享利息補貼）進行設備添購、網站建置、品牌推廣，搭配逐月穩定現金流策略，即可在三年內建立具規模的可持續獲利模組。

案例：林佳恩（化名）26 歲畢業後創立植物插畫品牌，以青創貸款購買印表機、架設網路商店、參與市集展售，首年營業額達 90 萬元，次年進軍海外通路並成功清償貸款。

系統思維：負債槓桿的三大守則

當我們將負債作為資產槓桿工具時，必須遵守以下三項守則：

(1) 現金流優先：任何形式的負債都應導向「可預測的收入」，而非模糊的未來想像。若還款來源過於不確定，則不屬於健康負債。

(2) 投入非消耗性資產：借來的資金應投資於資產，而非消費品（如手機、旅遊），否則將變為虧損型槓桿。

(3) 擁有退出策略與風險緩衝：預設最壞情境時的處理方式，例如保留六個月應急金、規劃停損機制、保險保障與時間替代方案。

第六章　永續財務規劃：預借未來的自由而不是束縛

心態轉換：與債共處，而非對抗債務

年輕時期若能適度操作負債，就像學習駕駛一臺資產引擎，熟悉其操作、風險與動力來源，將對未來的財務人生產生深遠影響。

富人從不懼怕負債，他們敬畏它、使用它、並設計它為資產的基礎。與其被動等待人生「存夠」後才啟動，不如學會在有限資源下，以規劃與紀律為船槳，用策略為羅盤，開始打造屬於自己的第一套資產模型。

負債是起點，而非障礙：
讓資產成長比等待更重要

30歲前的你，可能資源有限、經驗不足，但你擁有時間、行動力與學習的彈性。只要思維轉換，學會如何讓債務變成資產的墊腳石，人生的財務起跑點將從「先欠再還」變成「先槓再升」。不要害怕負債，只要你知道它的出口與意義，它將會帶你抵達資產的起點。

第三節　提前布局退休計畫：歐盟三支柱制度與 401（k）設計比較

為何退休規劃要從 30 歲就開始？

許多臺灣年輕人認為退休是遙遠的議題，總覺得「等有錢再想」，然而根據 2024 年臺灣主計總處與 OECD 統計資料顯示，臺灣勞工實質退休年齡已經提前至平均 61.3 歲，而法定退休金、勞保與勞退收益卻面臨制度性危機。若等到 50 歲才開始規劃退休，累積期短、投資報酬低，極可能面臨「生活延長但資源不足」的困境。

財務規劃專家指出，提早退休規劃不僅能降低儲蓄壓力，還能有效利用時間複利與稅賦延緩工具，創造更多主動與被動收入來源。更重要的是，提早布局讓「退休」不再是被動退出市場，而是自主選擇人生節奏的轉捩點。

■第六章　永續財務規劃：預借未來的自由而不是束縛

歐盟三支柱制度：
社會保障、職業年金與個人儲蓄

　　歐盟各國普遍採用「三支柱」退休制度，目標是透過多元來源提升退休保障韌性。其結構如下：

第一支柱：政府強制社會保險

- 由國家主導，涵蓋基礎退休金（如德國 GRV、法國 CNAV）
- 財源來自現役工作者繳納保費
- 領取金額與年資、平均薪資連結

第二支柱：職場退休金制度（Occupational Pension）

- 雇主與員工共同提撥，屬於半強制性制度
- 可依行業或公司制定不同提撥比例與投資方式
- 常見形式為確定給付制（DB）或確定提撥制（DC）

第三支柱：自願性個人儲蓄（Private Pension Savings）

- 包括個人養老帳戶（如德國 Riester、瑞士 Pillar 3a）
- 提供稅賦優惠鼓勵長期儲蓄與投資
- 可自由選擇保險、基金、債券等投資工具

歐洲模式強調退休資金來源分散風險,也將責任從單一國家轉向個人與雇主共同分擔。

美國 401(k) 制度與 IRA 帳戶設計

美國退休制度主要以「雇主制度＋個人帳戶」為核心,代表性制度如下:

401(k)計畫（Employer-sponsored Retirement Plan）

- 雇主提供退休帳戶,員工自願提撥薪資一部分（最多 22,500 美元／年）
- 雇主可選擇「對等提撥」(matching)
- 投資收益可延稅至退休後提領時繳納

IRA 與 Roth IRA（個人退休帳戶）

- 傳統 IRA：提撥可抵稅、提領時課稅
- Roth IRA：提撥不抵稅、提領免稅（符合條件）
- 年度提撥上限為 6,500 美元（50 歲以上可再加碼）

美國制度強調「稅收激勵＋個人投資管理」,且可自由選擇標的如 ETF、共同基金、債券等,具高度彈性與資本操作空間。

第六章　永續財務規劃：預借未來的自由而不是束縛

臺灣現況與缺口：勞退新制與退休金不足風險

臺灣目前以「勞保＋勞退新制」為主體，尚未建立完整三支柱體系：

- 勞保年金：強制性制度但財務吃緊，長期存在破產疑慮；
- 勞退新制：雇主提撥 6%、員工可自願提撥，但大多數員工未主動提撥；
- 個人退休儲蓄機制薄弱：大多數民眾無長期退休投資規劃。

根據 2023 年金管會調查，50 歲以下受訪者中，有退休儲蓄習慣者不到 35%。因此，臺灣亟需透過教育、政策與市場設計，推動完整的退休儲蓄與投資文化。

青年退休布局策略：三階段行動方案

25～30 歲：開戶期與投資起步

- 開設高彈性投資帳戶，如 ETF、海外券商 IRA
- 建立定期定額習慣，每月固定提撥 10～15% 收入進入投資帳戶
- 優先學習退休稅賦策略與資產配置概念

30～40 歲：資產擴張與多元現金流建立

- 強化第二支柱資源（如與雇主談妥勞退提撥）
- 納入房產出租、配息股、定期配息基金等穩定性現金流工具
- 結合保單規劃、設立個人信託帳戶初步測試資產保全

40 歲以後：風險轉移與退場機制規劃

- 轉進低波動資產（如債券、保本型基金）
- 建立明確提領機制與稅務順序
- 模擬每年退休支出與保留醫療風險資金池

退休，不該是被動結束，而是自主設計的轉換點

退休不只是財務問題，更是人生下一個階段的設計課題。當你願意從 30 歲起思考退休，不僅提早擁有更多資產，還能提早擁有更多「選擇」。讓退休成為你人生的第二次起跑，而不是生活的備案。
真正的財務自由，是有能力選擇何時退休，而不是等退休來選擇你。

■第六章　永續財務規劃：預借未來的自由而不是束縛

第四節　永續借貸不是借更多，而是借得對

借貸，不該是逃避，而是資源分配的一種形式

許多財務焦慮者將「借貸」視為負面的代名詞，彷彿只要借錢就是失敗。然而在現代財務規劃中，借貸早已從「被迫舉債」轉化為「策略性資源調度」。真正的差別，不在於是否借錢，而在於：你是否有清楚的借貸目的、風險管理與還款設計。所謂永續借貸，並非不借錢，而是「借得對」、「借得可控」、「借得具成長潛力」。

借貸分類與功能再定義

永續借貸的核心，在於將借貸行為視為經濟功能而非財務缺陷。首先，我們需要對「借貸」重新分類：

◆ 消費性借貸：用於短期享樂（如旅遊、精品、娛樂）或突發支出（如醫療、維修）；

第四節　永續借貸不是借更多，而是借得對

- 資產型借貸：用於購買可增值項目（如房地產、教育、證照、創業）；
- 週轉性借貸：用於調節現金流（如季節性業務、投資轉倉）。

其中，前者應嚴格控管，後兩者則屬於「可計算型槓桿」，只要進入報酬模型並搭配風險緩衝，即屬健康借貸範疇。

三種「借得對」的條件設計

(1) 目標可衡量：借款用途須能產出可量化成果，如提升收入、降低成本、增加資產報酬率。例如：學費換來技能、貸款購屋產生現金流。

(2) 還款計畫明確：借款前須先設定償還路徑，包括每月現金流、利息負擔、提前清償可能與違約風險模擬。

(3) 風險備援機制存在：擁有應急資金池、保險防火牆或資產可變現性，能避免突發事件導致債務違約。

例如：若借款進修並有兩年後轉職加薪計畫，同時持有六個月緊急預備金，即可屬於永續借貸。

第六章　永續財務規劃：預借未來的自由而不是束縛

案例分析：同樣借錢，差別在哪？

案例一：非永續型借貸

陳宥彤（化名），28 歲，為籌措婚禮與蜜月，刷卡 30 萬元並辦理現金卡，月繳近 1.2 萬元，實質收入無成長，半年後財務崩盤需家人援助。

案例二：永續型借貸

林育哲（化名），30 歲，貸款 80 萬元進修 UI 設計，每月還款 9,000 元，畢業後薪資由月薪 38,000 提升至 78,000 元，一年半清償，轉型自由工作者，現金流穩定。

兩者的區別在於：一個是為即時消費舉債且無報酬模型，另一個是為資產型投入且有預期收益與還款結構。

負債能力評估模型（簡化版）

若你要評估自己的借貸是否屬於永續性，請自問以下問題：

◆ 本次借款是否會導致未來收入增加？（是＋1／否－1）
◆ 是否可明確預測報酬期與風險？（是＋1／否－1）

第四節　永續借貸不是借更多，而是借得對

- 我是否已擁有至少三個月緊急預備金？（是＋1／否－1）
- 借款是否替代了本可延遲的消費？（是－1／否＋1）
- 我是否能清楚說出償還策略？（是＋1／否－1）

總分 3 分以上，屬於相對永續型借貸；0～2 分為中性型；負分者請重新考慮是否有更佳替代方案。

> **讓借貸成為助力，而非拖累**
>
> 一筆好的借貸，就像一場對未來的投資。它可能會讓你短期壓力上升，但只要設計良好，它將成為你資產擴張的起點。永續借貸不是鼓勵舉債生活，而是學會用策略理解資金流動與報酬交換的本質。當你學會怎麼「借得對」，你也就學會了如何用有限的資源為未來買下空間。

■第六章　永續財務規劃：預借未來的自由而不是束縛

第五節　槓桿操作的倫理與邊界：以伊隆・馬斯克借貸事件為例

槓桿不是問題，濫用才是風險

在財務世界中，「槓桿」一詞經常與風險、擴張、機會等詞彙連結。從本質來看，槓桿的核心意涵是「以小博大」，透過借用他人資源來放大自身影響力或資產規模。然而，槓桿若失控，不僅會使個人或企業財務崩潰，更可能對整體市場穩定性造成衝擊。因此，槓桿操作的關鍵不在於是否使用，而在於「倫理與邊界」的認知與設計。

馬斯克的借貸與資本操作爭議

特斯拉執行長伊隆・馬斯克（Elon Musk）是 21 世紀最具爭議與影響力的創業家之一。他的財富來自企業創投與股票資本，但更重要的是，他善於以槓桿方式擴張個人影響力。根據 2022 年美國證券交易委員會（SEC）文件揭示，馬斯克曾多次以個人持有的特斯拉股票作為抵押，向銀行取

第五節　槓桿操作的倫理與邊界：以伊隆·馬斯克借貸事件為例

得數十億美元的低利貸款，用於收購 Twitter（現 X）、推動 SpaceX 資金週轉與 Boring Company 計畫。

這種操作引發市場兩極評價：

◆ 支持者認為他是「高風險高成就的創業典範」，能以自有資本槓桿撬動系統性創新；
◆ 批評者則警告這種高比例抵押借貸若遇股價暴跌，將導致連鎖式清算風險，進而影響整體市場穩定性與其他股東權益。

槓桿的倫理底線：對自己、對市場、對他人

若將槓桿視為工具，則其倫理問題來自於三個層次的界線：

對自己：風險揭露與自控能力

◆ 馬斯克以自己股份借貸，形式上不違法，但個人風險敞口高達 60％以上，若未設風控機制，將陷入資產流動性危機。
◆ 問題不在於借多少，而是是否已設定停損點與應對方案。

第六章　永續財務規劃：預借未來的自由而不是束縛

對市場：資訊對稱與信任維持

- 企業領導者進行高槓桿行為，若未完整揭露，將破壞市場資訊透明性。
- 馬斯克曾多次在社群媒體上發表左右股價的言論，若與槓桿交易相關，將涉「操控市場」之虞。

對他人：責任與外部性評估

- 一旦槓桿導致清算，股東、投資人、員工都將遭殃，因此任何借貸操作必須考慮其外部性（Externality）。
- 槓桿若只為滿足個人擴張欲望而無長期策略，則違反對合作夥伴與投資人信任契約。

一般投資者的槓桿行為啟示：學會自限與分界

馬斯克的槓桿操作雖屬特例，但給一般投資者三個重要啟示：

(1) 自我揭露機制：在每次加碼或槓桿時，誠實問自己：「若失敗，我承擔得起嗎？」

(2) 設定槓桿上限：建議個人總負債與資產比不超過50%，槓桿比例維持在 2 倍以下。

(3) 建立倫理帳戶:評估槓桿行為是否損及他人利益?是否扭曲資訊傳遞?是否破壞信任?

借鏡與邊界:
馬斯克能做的,不等於每個人都該做

馬斯克的槓桿行為建構於其極高的資產價值與市場信用之上,一般人若盲目模仿,風險與損失將難以估計。重點在於理解其策略背後的思維架構,而非單純複製手法。

我們可以學習其「掌握資源、勇於整合」的精神,但同時應建立對「控制權、透明度、風險責任」的敬畏。槓桿可以是通往財富與影響力的電梯,也可以是直通懸崖的快車。

真正成熟的槓桿,是知道自己在做什麼,也知道何時該停手

槓桿本身無善惡,它只是一種中性的財務工具。但使用者的動機、知識與責任感,將決定它帶來的是創新、成長還是崩壞。伊隆·馬斯克的故事提供我們一面鏡子,讓我們思考:在追求更多的過程中,我們是否也知道,什麼時候該收手。

第六章　永續財務規劃：預借未來的自由而不是束縛

> 有邊界的槓桿，才是永續的槓桿；有倫理的財務行為，才能創造真正有價值的成就。

第六節　構建「債務中立現金流」的五年行動計畫

債務中立，不是沒有債，
而是不被債務主導

在現代社會中，完全無債幾乎是不可能的。從房貸、學貸到創業貸款，債務已成為資本運作的重要起點。但若債務帶來的壓力凌駕於個人收入與生活品質之上，便會淪為財務負擔。所謂「債務中立現金流」，是指在每月收入與支出中，即便存在債務，整展現金流仍能維持正值、不造成資產減損。

這不代表完全不借錢，而是借得其所、還得其法、控得其節，讓債務轉化為資金配置的工具而非枷鎖。以下是一份針對 30～40 歲階段的「五年債務中立現金流行動計畫」，結合實作策略與心理鍛鍊，協助你穩健擺脫財務緊繃。

■第六章　永續財務規劃：預借未來的自由而不是束縛

第一年：現金流體檢與行為紀律重建

1. 完整盤點資產與負債

◆ 包括房貸、信貸、信用卡、親友借款、保單借款等；
◆ 製作「現金流試算表」與「債務風險評估清單」。

2. 建立記帳習慣與財務儀表板

◆ 使用 Excel / Google Sheets / App 進行週期性收支記錄與分類；
◆ 每月進行一次「現金流評估」與檢討會議（個人或伴侶）。

3. 行為干預策略啟動

◆ 培養延遲滿足能力：例如設立「24 小時購物等待」原則；
◆ 設定三個月內小目標，例如「第 1 筆債務提前 1 個月還清」。

第二年：負債優化與支出再設計

1. 債務整合／再融資

◆ 評估高利債務是否可整合為低利長期貸款；
◆ 尋求銀行協商利率重定或延長期數選項。

2. 設立個人償債 SOP（標準操作程序）

◆ 固定每月某天進行自動扣款與債務進度確認；
◆ 將不定收入（如年終獎金、兼職收入）優先用於清償特定債務。

3. 支出結構微調

精簡 5%～10% 的非必要支出（如外送、訂閱、交通習慣），改為自煮、合併方案、共乘模式。

第三年：建立多元收入與穩定儲蓄架構

1. 探索副業或技術變現模式

◆ 如線上課程、接案服務、租屋、數位商品販售等；
◆ 所得不列為固定收入，而作為「償債＋儲蓄」用。

2. 定期定額投資啟動

◆ 配置低波動 ETF、債券基金或定期儲蓄保單；
◆ 目標為累積至少六個月緊急預備金（建議與債務月償金額比例對齊）。

3. 每年進行一次債務與儲蓄比例調整

若債務減少幅度快於預期，可逐步調高投資比例。

第四年：現金流防禦強化與風險隔離

1. 建立現金流緊急備援池

除緊急預備金外，再設一筆「家庭變故預備金」，以應對失業、重大醫療、親屬支援等風險事件。

2. 債務壓力模擬演練

預演「若收入減少 20%」、「利率上升 1%」、「突發支出 5 萬元」的應對策略。

3. 進行保單與法律文件優化

◆ 包括壽險、醫療險、責任險等之保障審視；
◆ 撰寫基本財產配置備忘錄或遺囑草案。

第五年：轉向資產擴張與現金流自動化

1. 設定債務中立 KPI

◆ 每月固定淨現金流為正，且償債比（債務支出占月收）降至 40％以下；
◆ 債務總額與可動用資產比例達 1：1 以上。

2. 導入自動化儲蓄與償債機制

所有債務還款自動扣繳、薪資自動分流至投資帳戶與儲蓄帳戶。

3. 嘗試資產槓桿測試性投入

◆ 小額參與共同投資計畫、房產入股或分潤型創業；
◆ 控制總資產投入不超過 15％，用以驗證風險承受能力與報酬潛能。

不靠奇蹟，不靠暴富，靠的是紀律與設計

真正的財務穩定，不是突然清空所有債務，而是在債務仍然存在的情況下，你仍能控制自己的現金流與生活品質。這就是債務中立的核心價值：你不再為債務焦慮，而是把它納入規劃，把風險變成節奏。

■第六章　永續財務規劃：預借未來的自由而不是束縛

> 這份五年計畫不是一次就能完成的奇蹟，而是一套可複製的「現金流設計行為」，讓你從過去的財務壓力中轉向一種長期可持續、具有彈性與自信的財務生活。

第七節　財務自由不等於無債：英美成功人士的借貸習慣研究

無債真的比較自由嗎？

「無債一身輕」是華人社會根深蒂固的理財信條，在不少家庭教育中被視為財務健康的終極象徵。然而，當我們深入觀察美國與英國的高資產人士與企業家，會發現：他們不僅不避債，有時甚至主動尋求「有風險的資金配置」，將債務視為資產成長與財務槓桿的必要工具。

所謂「財務自由」，不該只是帳面上的零債務，而是指個體能夠掌控自己的資金流動、選擇時間與生活節奏的能力。這種自由狀態，往往建立在良好的借貸規劃、現金流設計與風險控制上。成功人士不怕有債，但怕沒有策略。

英美高淨值族群的借貸輪廓

根據英國金融行為監理局（FCA）與美國富比士財富調查（Forbes Wealth Survey）在 2022 年的資料顯示：

第六章　永續財務規劃：預借未來的自由而不是束縛

- 超過 67％的高資產人士（資產超過 500 萬美元）持有某種形式的槓桿性資產（例如：房貸、企業借款、保單貸款）；
- 平均個人信用評等維持在 750 分以上，顯示高還款紀律；
- 約 46％受訪者主動選擇延長貸款期限以保留資金靈活性。

這些行為背後並非資金短缺，而是「資金布局策略」的一環。例如：他們會將房產設定抵押貸款（即使資產充足可購買全額）以保留現金流投入其他報酬率更高的項目，如創業、基金或科技股。

借貸與資產布局的策略性應用

(1) 槓桿買進可增值資產：如租賃型房產、企業股權與低位進場的市場投資組合。
(2) 分攤資金風險與時間分布：利用貸款將大額支出分期攤還，以應對不同時期的現金流壓力與市場波動。
(3) 進行稅賦優化：如美國富人常透過貸款代替出售資產（避免實現資本利得），而後以信託或保險方式延後納稅。

第七節　財務自由不等於無債：英美成功人士的借貸習慣研究

這些應用顯示「借錢不是缺錢，而是善用資金成本與時間價值」。

成功人士借貸習慣的四大特徵

(1) 用途明確，不亂借、不貪借：每一筆借款都與具體計畫相連，並預測合理的報酬與風險邊界。
(2) 高度重視信用紀律：準時繳款、定期檢視債務結構，視信用為資產擴張的門票。
(3) 預備替代現金池：擁有三至六個月流動資金，不以「壓上所有現金」為操作前提。
(4) 搭配稅務與財產結構思維：結合信託、保險、公司架構，將借貸納入資產保全與傳承策略中。

臺灣理財觀的轉化契機

在臺灣，多數人對「有錢人借錢」仍抱持疑惑或批判眼光，將借貸視為貧窮或投機的象徵。然而，這種觀念已逐漸受到挑戰。隨著共享經濟、斜槓收入、數位資產的崛起，年輕世代更重視資金彈性與資產運用效率，而非僅僅「沒有負債」。

第六章　永續財務規劃：預借未來的自由而不是束縛

從教育制度到金融服務平臺，都應推動「借貸素養教育」，協助大眾理解何謂「健康債務」、如何運用「好借貸」設計人生財務系統。例如：

◆ 在大學開設「槓桿與信用管理」課程；
◆ 銀行推出「借貸診斷與預警報告」工具；
◆ 社區辦理「資產操作與風險模擬工作坊」。

> **與其追求無債，不如追求可控的債**
>
> 財務自由從來不是「債務清零」的比賽，而是你能否讓錢為你工作、讓借來的資源創造更大價值。英美成功人士的經驗告訴我們：與其排斥借貸，不如學會設計借貸、駕馭槓桿，並將其納入資產成長計畫中。
>
> 真正的自由，是你有能力借錢，也有智慧還錢；你不怕負債，因為你知道每一筆債的方向與邊界。

第八節　從「卡奴」走向「資本家」的轉捩點

當信用卡成為枷鎖：
卡奴現象的心理與結構根源

在臺灣，根據 2024 年金管會統計，全臺持有信用卡人口超過 1,900 萬人，但其中約有 8％以上處於長期循環利息狀態，俗稱「卡奴」。這些使用者的共同特徵包括：每月只能繳最低應繳金額、消費習慣超前收入、債務滾利難以脫身。

心理學家指出，卡奴現象背後往往結合了「延遲滿足能力不足」、「情緒性購物」與「金錢羞愧感」，導致理性規劃被情緒性決策取代。再加上銀行對信用額度的擴張策略與低門檻核卡制度，讓許多年輕人提早進入了高槓桿但無資產支撐的財務結構。

從卡奴轉型為資本家，不只是償還卡債那麼簡單，而是一場深層的行為與思維改造。這場轉捩點，必須結合紀律、策略與結構性再設計。

第六章　永續財務規劃：預借未來的自由而不是束縛

卡奴轉化的三階段路徑

1. 止血期：**斷開惡性循環的第一步**

- 建立收支儀表板，盤點每月現金流缺口與利息負擔；
- 暫停非必要刷卡消費，改以現金／儲值卡／預付帳戶管理日常開銷；
- 嘗試與銀行談判協商降低利率，或申請債務整合方案。

2. 重建期：建立自我現金流系統

- 設立「三分帳戶制度」：生活帳戶（基本開銷）、償債帳戶（固定還款）、儲蓄帳戶（累積資本）；
- 培養正向消費行為，例如「買之前等 48 小時」、「每次花錢後做 10 分鐘記錄」；
- 嘗試建立額外現金來源，如接案、二手拍賣、技能教學等微型創收方式。

3. 轉型期：啟動資產布局與資本邏輯

- 在清償 50％ 以上卡債後，開始進行小額定期投資，如 ETF、債券、基金保單等；
- 學習資產配置、複利成長與槓桿風險控管，從「避免借貸」轉為「善用負債」；

第八節　從「卡奴」走向「資本家」的轉捩點

◆ 若信用分數恢復良好，規劃低利創業貸款或資產性支出（如設備投資）。

案例故事：楊子儀的「卡奴翻身學」

楊子儀（化名），32 歲行銷企劃，曾因刷卡旅遊與購買 3C 產品而累積超過 80 萬元信用卡債。起初他採取逃避策略，每月僅繳最低應繳額，兩年內利息滾到超過 35 萬元。直到有天卡債被轉催收公司，他才意識到「再不處理會崩盤」。

他從 YouTube 學習理財記帳法，並閱讀《有錢人想的和你不一樣》，決定建立「信用重建日記」，每月寫下消費原因與償還進度。他透過二手平臺販售攝影器材、開始線上接案、申請債務協商，三年內還清全部卡債。

2023 年他開始定期投資高股息 ETF 與臺灣科技類基金，目前年報酬超過 9%，並將部分資金投入合夥咖啡店，進入「半投資人、半工作者」模式。他說：「以前我是被卡限制的人，現在我是讓資產替我賺卡點數的人。」

■第六章　永續財務規劃：預借未來的自由而不是束縛

轉捩點的關鍵思維：從消費者變成資產擁有者

「卡奴」的本質在於：透支未來的消費能力，卻沒有對等的資產累積。而資本家則相反：透過資產布局創造未來的收入能力，即便有負債，也建立在清晰的報酬模型之上。

關鍵差異在於：

- 是否能延遲享樂、轉化欲望為計畫；
- 是否建立預算框架而非感覺花錢；
- 是否能夠用現金流觀念取代「賺多花多」的即時回饋邏輯。

卡奴思維是被動與焦慮驅動的，資本家思維是設計與行動驅動的。

翻轉不是清卡債，而是重啟財務主權的那一刻

卡奴不是一種財務狀態，而是一種「放棄設計自己財務命運」的心態。真正的轉捩點，不是清償最後一筆債，而是你願意建立規則、重拾紀律、設定目標的那一刻。

當你從刷卡消費轉向配置資產，從害怕帳單轉向設計現金流，你就不再是被利息追趕的人，而是正在

第八節　從「卡奴」走向「資本家」的轉捩點

追求資產增值的行動者。資本家不一定很有錢,但一定很清楚:每一筆資金,應該為未來效力,而不是只為當下填補情緒。

■第六章　永續財務規劃：預借未來的自由而不是束縛

第九節　財務遺產管理與債務轉移風險

財富傳承不是「有錢人」的專利，而是每個人的責任

　　多數人將「遺產管理」視為高資產階級的專利，認為只有坐擁千萬資產的人才需要規劃財產傳承與分配。然而，進入高齡化社會後，每一個家庭、每一位中產、甚至是剛剛成家的年輕人，都將面臨一個關鍵課題：當我們不在時，留下的是助力還是麻煩？是秩序還是混亂？

　　根據財政部與內政部近年資料顯示，臺灣遺產稅申報案件呈穩定成長，反映人口高齡化與資產傳承需求日益上升。許多繼承案件涉及債務、產權爭議與法律訴訟，突顯財務安排不明確、制度規劃不足的隱憂。當我們談論財富自由，不能只關心「賺了多少」，更該思考：「我們離開後，會為家人留下保障，還是困擾？」

債務會跟著走嗎？法律與實務的五大誤解

誤解一：只要拋棄繼承就一了百了

根據民法第 1148 條，拋棄繼承必須在知悉繼承事實後三個月內完成，若未及時申請，則視為概括繼承，等同承擔一切債務與資產。

誤解二：保單、信託、贈與可全然避稅避債

若保單受益人不明、信託未落實法定程序，或贈與金額過高未報稅，皆有可能被債權人聲請撤銷或法院列為遺產清算標的。

誤解三：沒有寫遺囑，家人一定會和平分配

根據臺灣地方法院 2021～2023 年民事繼承案件統計，近半數糾紛來自「兄弟姐妹對財產認知不一」，顯示家庭關係良好並不足以替代法定文件。

誤解四：房產與存款登記在家人名下就安全

法院可透過民法第 244 條規定，追溯脫產行為至五年內，若認定為規避債務目的，仍可被追討或列入遺產查封。

第六章　永續財務規劃：預借未來的自由而不是束縛

誤解五：有保險就萬無一失

保險若受益人未明、契約條文含糊，或死亡原因與保險條件矛盾，仍可能延誤理賠甚至發生爭訟。

預防債務轉移與紛爭的五道財務防火牆

1. 撰寫有效法律遺囑

採用手寫、公證或見證方式，明確列出遺贈比例與資產分配原則，並建議至少每五年檢視一次。

2. 設立專業信託帳戶

包括「生前信託」與「遺產信託」，可用於指定用途（如教育、醫療、生活照護），交由銀行或信託公司執行，有效隔離債務與爭議。

3. 結合保單與遺產稅控管策略

透過保單提供流動性，以支應潛在的遺產稅與債務；例如購買高保額定期壽險並明訂受益人為信託帳戶。

4. 建構家庭財務總表與交接文件

包含資產清單、帳戶位置、重要文件、聯絡律師與會計師名單，並附上說明書，供後代查閱。

第九節　財務遺產管理與債務轉移風險

5. 教育下一代基本的財務管理與法律概念

不只是「給錢」,而是「給結構」與「給能力」。透過家族會議、資產布局演練、共同參與規劃過程,建立代間的財務責任意識。

高風險與高信任的對比案例

高雄林家父親驟逝,遺有房地兩筆與汽車一臺,外加100萬元未償債務與一筆尚未確認的保單。兄弟姐妹長期未聯絡,未立遺囑也無信託,導致分配爭議、房產查封與保單理賠卡關。歷經四年訴訟與三次家族協商,最終以仲裁方式完成遺產處理,但家庭關係受損嚴重。

相對地,臺北張家母親於生前設立生前信託,並與家人共同討論財務分配原則。資產移轉至信託帳戶後,包含房租收益、定期股息、退休金、保險金皆以年度方式自動撥款。母親離世後,清算程序六週內完成,後代感情無破裂且財務制度穩定運作。

這兩個家庭的差異,正突顯了遺產與債務規劃,不只是紙上文件,而是長期關係與信任的具體制度化表現。

第六章　永續財務規劃：預借未來的自由而不是束縛

財務自由的最後一哩路：
規劃你的退場，也守護你的人生系統

當我們談理財，往往從起點談起 —— 如何賺第一桶金、如何打贏卡債、如何投資致富。但財務真正的結局，不是在你停下收入那刻，而是你離開後留下什麼樣的系統。是讓人分裂的債與爭議？還是讓人接續的秩序與資產？

財富不是只有累積，還包括「分配」與「傳承」的智慧。債務不是只有責任，更可能在安排得宜時，轉化為穩定與支持的工具。你今天所做的規劃，將在你走後成為你人生態度的最後注解。

請記得，真正的財務自由，不只活在你賺錢的歲月，而是延續在你離開後，依然可以守護愛的人與你所留下的價值。

第十節　自主而不依附：用負債打造可控人生

自主，不是與負債切割，而是與之共生

「想要自由，就不能有債」── 這句話或許符合傳統價值觀，但在現代財務架構中卻顯得過於簡化。實際上，能過著自主生活的人，並非因為完全無債，而是因為他們懂得「借得其所、控得其度、還得其法」。債務不是障礙，而是工具；不是壓力，而是槓桿。若你懂得駕馭，它將是你通往資產擴張與人生自由的船槳。

真正的財務自主，不在於你是否完全脫離借貸，而在於你是否能掌握借貸的節奏、設計其結構、計算風險報酬，並確保負債不主導你的人生。這不是對金錢的逃避，而是對資源流動的積極規劃。

第六章　永續財務規劃：預借未來的自由而不是束縛

財務獨立的五種錯覺：錯認自由的根源

錯覺一：財務自由等於零負債

事實上，全球多數高資產家庭仍保留某種形式的槓桿，例如：房貸、股權抵押、企業信貸。他們將資金保留在報酬率更高的資產中，而不是提早還清低利借款。

錯覺二：單靠收入就能獨立

靠一份穩定收入未必等於安全。一旦失業、生病或遭遇危機，單點收入結構就會崩解。真正的獨立來自於現金流多元、資產靈活與風險緩衝。

錯覺三：不靠別人＝自主

自主是能選擇何時與誰合作、是否借入資源，而不是單靠自己苦撐。過度強調「自立自強」反而讓你與資源世界隔絕。

錯覺四：負債都是壞的

分析一筆負債是否為「好負債」，關鍵在於它是否帶來正向現金流或能力成長，如創業貸款、進修貸款、房貸投報率等。

錯覺五：現金流＝安全感全部來源

財務安全來自於「動員力」——你能否隨時調用信用資源、談成利率條件、做出資產轉換、啟動計畫。不是口袋有多少現金，而是你能用多少工具創造現金。

可控負債設計五要素

1. 清晰目標導向

所有負債應明確指向一個資產成果，例如：年薪成長、資產淨值擴張、事業營收倍增，而非情緒補償或社交比較消費。

2. 模擬還款計畫與利率敏感性

必須製作還款模型，包括：本息金額、利率升降影響、現金流壓力模擬、最壞情況推演（例如失業三個月仍能負擔？）。

3. 緊急預備金與保險防護

至少準備三至六個月固定開銷的預備金與基本保單，包含醫療險、壽險、責任險等，防止意外導致債務違約。

4. 財務儀表板＋週期性檢討機制

每月至少檢視一次債務進度、財務異動、信用分數變化，必要時啟動調整計畫，如延長還款期、轉貸降利率等。

5. 個人負債管理制度化

如建立「債務說明書」、製作債務檢討日記、加入債務協助社群或接受顧問諮詢，讓個人操作變成制度性行動。

實戰故事：從租屋族到主動擁債的資產轉型者

吳柏翰（化名），38 歲，自由攝影師，月收入波動大、長期租屋。他原本視房貸為人生最大壓力，認為擁房是「綁住自由」。但一次理財課程改變他的觀念，他學會製作「房貸現金流對照表」，計算房貸利率與租金差異。

最終他用 400 萬元頭期款購買一間郊區兩房中古屋，每月房貸 28,500 元，但其中一房出租給朋友收租 10,000 元，實際負擔低於租屋時期。他將房屋增值視為「隱性儲蓄」，並開始接觸資產槓桿與 ETF 投資。他說：「以前我怕負債，現在我學會讓負債替我賺錢。」

他的轉折，不只是數字上的進展，更是對「資產＝自由」的新理解。

第十節　自主而不依附：用負債打造可控人生

建構信任資本：從還款行為到關係系統

債務並非孤立的經濟事件，它是一種信任行為的展現。當你準時還款、按計畫清償、與債權人清楚對話，你建立的不只是信用紀錄，更是可延伸的社會信任資本。

自主的人不是從不借，而是借得起、說得清、還得穩。從家庭貸款、創業合夥，到與金融機構對話，你所展現的紀律與透明，會使他人更願意合作與支持，這正是財務自主的社會版圖擴張方式。

社會結構變動下的「有債自由論」

在傳統社會，沒有負債是穩定的象徵；但在快速變動的數位與資本時代，「敢負責的借貸」反而成為經濟參與與社會互動的必要條件。

共享經濟、斜槓收入、創業熱潮與數位資產交易，都建立在一定程度的槓桿運用與風險容忍度上。對這個世代來說，財務自主不是迴避風險，而是設計風險、控制風險並從風險中獲利。

第六章　永續財務規劃：預借未來的自由而不是束縛

> **財務設計的終點，是預留行動空間與關係空間**
>
> 真正的財務自由不是零債務，而是「全場域自我決策能力」──你知道怎麼借錢、為何借、何時停手、怎麼面對代價、怎麼修復錯誤。你能借得起，也能說明白。
>
> 與其逃避債務，不如擁抱規劃；與其討厭風險，不如鍛鍊風險思維。當你能把負債視為資產系統的一部分，並持續訓練對資金流動的覺察與控制，你所建立的不是僥倖自由，而是結構性自由。那一刻起，你就不再依附，而是有選擇、有空間、有尊嚴地設計自己的人生節奏。

第十節　自主而不依附：用負債打造可控人生

國家圖書館出版品預行編目資料

負債資本論，用「債權思維」驅動資產成長：全球視野下的財務槓桿與現金流管理 / 遠略智庫 著 . -- 第一版 . -- 臺北市：財經錢線文化事業有限公司 , 2025.07
面； 公分
POD 版
ISBN 978-626-408-302-7(平裝)
1.CST: 財務管理 2.CST: 風險管理
494.7　　　　　　　　　114008390

負債資本論，用「債權思維」驅動資產成長：全球視野下的財務槓桿與現金流管理

作　　　者：遠略智庫
發　行　人：黃振庭
出　版　者：財經錢線文化事業有限公司
發　行　者：崧燁文化事業有限公司
E - m a i l：sonbookservice@gmail.com
粉　絲　頁：https://www.facebook.com/sonbookss/
網　　　址：https://sonbook.net/
地　　　址：台北市中正區重慶南路一段 61 號 8 樓
8F., No.61, Sec. 1, Chongqing S. Rd., Zhongzheng Dist., Taipei City 100, Taiwan
電　　　話：(02) 2370-3310　　傳　　　真：(02) 2388-1990
印　　　刷：京峯數位服務有限公司
律師顧問：廣華律師事務所 張珮琦律師

-版權聲明-
本書作者使用 AI 協作，若有其他相關權利及授權需求請與本公司聯繫。
未經書面許可，不可複製、發行。

定　　　價：420 元
發行日期：2025 年 07 月第一版
◎本書以 POD 印製